FULGENCE MARION

LES BALLONS

ET

LES VOYAGES AÉRIENS

Elibron Classics
www.elibron.com

Elibron Classics series.

ISBN 0-543-99997-1 (paperback)
ISBN 0-543-99996-3 (hardcover)

This Elibron Classics Replica Edition is an unabridged facsimile of the edition published in 1867 by L. Hachette et Cie, Paris.

BIBLIOTHÈQUE

DES MERVEILLES

PUBLIÉE SOUS LA DIRECTION

DE M. ÉDOUARD CHARTON

LES BALLONS

ET

LES VOYAGES AÉRIENS

Paris. — Impr. de P.-A. BOURDIER et Ce, rue des Poitevins, 6.

BIBLIOTHÈQUE DES MERVEILLES

LES BALLONS

ET

LES VOYAGES AÉRIENS

PAR

F. MARION

OUVRAGE ILLUSTRÉ DE 30 VIGNETTES SUR BOIS

PAR P. SELLIER

PARIS

LIBRAIRIE DE L. HACHETTE ET Cie

BOULEVARD SAINT-GERMAIN, N° 77

1867

LES BALLONS

MERVEILLES DE LA NAVIGATION AÉRIENNE

PREMIÈRE PARTIE

LA CONQUÊTE DU CIEL

CHAPITRE PREMIER

La fanfare de 1783.

> Où donc s'arrêtera l'homme séditieux ?
> L'espace voit, d'un œil par moment soucieux,
> L'empreinte du talon de l'homme dans les nues;
> Le voilà maintenant marcheur de l'infini.
> Où s'arrêtera-t-il, le puissant réfractaire ?
> Jusqu'à quelle distance ira-t-il de la terre ?
> Jusqu'à quelle distance ira-t-il du destin ?
> Toute l'antique histoire affreuse et déformée
> Sur l'horizon nouveau fuit comme une fumée.
>
> VICTOR HUGO.

La conquête du ciel : ce titre d'une introduction aux merveilles de l'art aérostatique peut paraître ambitieux aux astronomes et à ceux qui savent que le véritable ciel, l'espace infini, est à jamais inaccessible aux voyages de l'habitant de la terre. Cette inscription, brodée en lettres flamboyantes sur l'étendard de l'aérostation, n'a pas paru exagérée à ceux qui ont assisté à l'enthousiasme allumé par l'ascension de la première montgolfière. Dans l'histoire entière de l'humanité, jamais découverte n'excita pareil applaudissement. Jamais le génie de l'homme n'avait remporté un triomphe à l'apparence plus éclatante. Les sciences mathématiques et physiques recevaient le plus magnifique des témoignages, sous lequel on saluait l'aurore d'une ère inattendue. Désormais l'homme régnait en maître sur la nature. Après avoir asservi le sol à sa puissance, après avoir fait courber la tête des vagues liquides sous la carène de ses navires, après avoir arraché la foudre au ciel, il allait, triomphateur sublime, prendre possession des célestes domaines. L'imagination à la fois orgueilleuse et confondue ne distinguait plus aucune limite à cette puissance, les portes de l'infini s'étaient écroulées sous le dernier coup de pied de la témérité humaine : la plus grande des révolutions venait de sonner au cadran séculaire des destinées.

Il faut avoir assisté à la frénésie de cet enthousiasme pour s'en rendre compte. Il faut avoir vu Montgolfier à Versailles, le 19 septembre 1783, sous les yeux de Louis XVI, ou bien les premiers aéronautes aux Tuileries. Paris n'avait qu'une voix pour acclamer les conquérants de l'espace céleste, et alors comme aujourd'hui la voix de Paris donnait le signal à la France, et la France le donnait au monde. Nobles et roturiers, savants et ignorants, grands et petits, le cœur de tous battait d'un seul battement. Les rues débordaient de chansons, les librairies débordaient d'images et d'estampes, les salons ne s'entretenaient que de la nouvelle *machine;* le poëte se délectait déjà dans la contemplation supérieure des vastes scènes de la création, le prisonnier songeait à son évasion nocturne, le physicien visitait le laboratoire de la foudre et des météores, le géomètre dressait le plan des villes et des royaumes, le général observait la disposition du camp ennemi en faisant pleuvoir des obus sur la ville assiégée ; le gouvernement occulte donnait un nouveau service aux agents de la maréchaussée, le jeune garde-française s'envolait au ravissement de la fleur du castel, l'esprit fort proclamait un nouvel empiétement sur le domaine de Dieu, la piété craintive tremblait à l'approche des temps, le savant enregistrait un nouveau chapitre aux annales des connaissances humaines. Nul ne restait indifférent. Revoyez sous un coup d'œil général la marche progressive de l'esprit humain depuis les périodes les plus reculées jusqu'à nos jours : ni les chefs-d'œuvre de l'art et de l'éloquence, ni les législations souveraines, ni les conquêtes du sabre, ni la locomotive, ni le télégraphe ne suscitèrent mouvement comparable à celui-là. C'était l'audace humaine, altière et victorieuse, brillant au rang d'étoile dans l'immense étonnement des cieux!

Dans l'histoire des progrès de l'esprit humain, il est peu d'événements qui aient suscité un enthousiasme pareil à celui qu'éveilla dans tous les esprits l'ascension du premier ballon. En général, les découvertes scientifiques, dit Arago, celles même dont les hommes pouvaient espérer le plus d'avantages, les découvertes, par exemple, de la boussole et de la machine à vapeur, furent reçues, à leur apparition, avec une dédaigneuse indifférence. Les événements politiques, les hauts faits militaires jouissent exclusivement du privilége d'émouvoir la masse du public. Il y a eu cependant deux exceptions à cette règle. Sur cette seule indication, chacun de vous a déjà nommé l'*Amérique* et les *aérostats*, Christophe Colomb et Montgolfier. Les découvertes de ces deux hommes de génie, si différentes, jusqu'ici, dans leurs résultats, eurent, en naissant, des fortunes pareilles. Recueillez, en effet, les marques de l'enthousiasme général que la découverte de quelques îles excita chez l'Andalous, le Catalan, l'Aragonais, le Castillan; lisez le récit des honneurs inouïs qu'on s'empressait de rendre, depuis les plus grandes villes jusqu'aux plus petits hameaux, non-seulement au chef de l'entreprise, mais encore aux simples matelots, et dispensez-vous ensuite de chercher dans les écrits de l'époque quelle sensation les *aérostats* produisirent parmi nos compatriotes. Les processions de Séville et Barcelone sont l'image fidèle des fêtes de Lyon et de Paris. En 1783, comme deux siècles auparavant, les imaginations exaltées n'eurent garde de se renfermer dans les limites des faits et des probabilités. Là, il n'était pas d'Espagnol qui, sur les traces de Colomb, ne voulût, lui aussi, aller fouler de ses pieds ces contrées où, dans l'espace de quelques jours il devait recueillir autant d'or et de pierreries qu'en possédaient jadis les plus riches potentats. En France, chacun suivant la direction habituelle de ses idées, faisait une application différente, mais séduisante, de la nouvelle faculté, j'ai presque dit des nouveaux organes que l'homme venait de recevoir des mains de Montgolfier. De tels projets, qu'on dirait empruntés à l'Arioste, semblaient assurément devoir satisfaire les esprits les plus aventureux, les plus enthousiastes; il n'en fut pas ainsi cependant : la découverte des aérostats, malgré le brillant cortége dont chacun l'entourait à l'envi, ne parut que l'avant-coureur de découvertes plus grandes encore : rien désormais ne devait être impossible à qui venait de conquérir l'atmosphère; cette pensée se reproduit sans cesse, elle revêt toutes les formes; la jeunesse s'en empare avec bonheur, la vieillesse en fait le texte de mille regrets amers. Voyez la maréchale de Villeroi : octogénaire et malade, on la conduit presque de force à une des fenêtres des Tuileries, car elle ne croit pas aux ballons Le ballon, toutefois, se détache de ses amarres; le physicien Charles, assis dans la nacelle, salue gaiement le public, et s'élance ensuite majestueusement dans les airs. Oh! pour le coup, passant, et sans transition, de la plus complète incrédulité à une confiance sans bornes dans la puissance de l'esprit humain, la vieille maréchale tombe à genoux, et, les yeux baignés de larmes, laisse échapper ces tristes paroles : « Oui, c'est décidé, maintenant, c'est certain, ils trouveront le secret de ne plus mourir, *et c'est quand je serai morte!* »

Et que serait-ce si nous rappelions les idées populaires écloses à la première fécondité de cette découverte? Dans les imaginations moins tempérées, chez les esprits moins éclairés, parmi les rangs du peuple causeur, ce n'était pas seulement le ciel bleu, l'atmosphère terrestre qui devenait le domaine de l'homme; c'était le vaste ciel des mondes. La lune, mystérieux séjour d'habitants inconnus, ne serait plus inaccessible; l'espace n'avait plus d'abîmes que le génie ne pût franchir. Bientôt des expéditions tenteraient le céleste voyage et nous rapporteraient des nouvelles de ce monde voisin. Christophe Colomb et sa renommée s'évanouissaient à l'éclat de cette conquête sans précédent. Les planètes qui voguent autour du soleil en compagnie de la terre. les comètes aventureuses, jadis objets de terreur, les étoiles lointaines, c'était là désormais le champ ouvert aux investigations du roi de la terre. On se demandait avec terreur où l'homme s'arrêterait dans son ambition, et l'on entendait dans l'espace une voix qui répondait : Nulle part!

La Providence de Bossuet a dit à la société : Marche! Le nouvel essor qui faisait palpiter les ailes de l'humanité dépassait l'ordre de cette Providence, et l'ancien monde mourait en donnant naissance au phénix de « la Liberté dans la lumière. »

On comprend cet enthousiasme. Il y a dans le seul fait d'une ascension dans les airs quelque chose de si grand, de si hardi, de si surprenant, que l'âme se sent profondément touchée. Et s'il nous arrive encore, même aujourd'hui que nous sommes témoins de ces faits depuis quatre-vingts ans, d'être émus par le départ des hommes qui se confient sur une nacelle tremblante à l'abîme de l'immensité aérienne, quel dut être l'étonnement de ceux qui, pour la première fois, depuis le commencement du monde, virent un de leurs frères s'envoler dans le vide, sans autre assurance que la témérité d'une foi rayonnante?

Pourquoi sommes-nous obligé de constater ici que l'immense retentissement qui remua les esprits d'un bout de l'Europe à l'autre et qui annonçait de si vastes espérances à la découverte nouvelle, s'éteignit insensiblement sans se réveiller pour aucune réalisation des prévisions qui paraissaient si légitimes? Il y a quatre-vingt-trois ans que le premier voyage aérien étonna le monde, et en 1866 nous ne sommes pas plus avancés qu'en 1783. Notre siècle est le plus brillant d'entre tous par ses découvertes. L'homme se fait porter par le feu; mieux que le poisson, il traverse les océans; mieux que la taupe et les animaux souterrains, il traverse les montagnes; mieux que la parole, il transmet instantanément sa pensée de Paris à New-York; mieux que l'œil, il fixe les images impalpables : le soleil est son esclave. L'air seul lui est resté insoumis. La direction des ballons n'est pas trouvée; moins que cela, les ballons ne paraissent pas dirigeables, et c'est à des constructions plus conformes à la structure des oiseaux que l'on devra demander le secret de la navigation aérienne. Aujourd'hui comme autrefois on est à la discrétion des ballons; globes plus légers que l'air, qui sont la proie des courants et des tempêtes. Et les aérostats sont descendus au discrédit de la curiosité frivole et du couronnement ordinaire des fêtes publiques.

Nous aimons à espérer que l'aurore si joyeuse et si éclatante qui est apparue à l'horizon de ce siècle, aux yeux surpris de nos ancêtres, n'attendra pas un autre siècle pour annoncer le jour si impatiemment attendu de la véritable conquête des airs. Le dix-neuvième siècle nous a déjà donné tant de choses, que sa générosité ne nous refusera pas la plus précieuse. Lorsque l'homme aura pris possession du ciel aérien, comme il a pris possession de l'élément liquide, les barrières qui séparent les peuples tomberont d'elles-mêmes, et, de l'équateur aux pôles, le globe terrestre deviendra le séjour d'une seule famille. Le philosophe qui suit silencieusement la marche corrélative du progrès dans le sein de l'humanité entière, reconnaît, il est vrai, que les distinctions rivales des peuples ne peuvent pas encore s'effacer, et que peut-être l'heure que nous espérons est retardée sur le livre du destin. Mais puisque c'est l'humanité qui se perfectionne elle-même par son incessant travail; que tous ceux dont le cœur palpite aux grandes questions du progrès, que tous ceux dont l'esprit s'exalte pour la cause universelle, travaillent chacun selon son impulsion intime! Conquérons par notre ardeur studieuse le vaste domaine de la nature.

CHAPITRE II

Tentatives anciennes imaginées à diverses époques pour s'élever dans les airs.

... Cœlum certe patet Ibimus illac.
Ovide.

Avant de contempler dans son expression absolue, triomphalement proclamée à la fin du siècle dernier, la conquête soudaine du royaume aérien, il est à la fois curieux et instructif de jeter un regard en arrière et de saisir, à la lueur des traditions antiques, les tentatives qui peuvent avoir été faites ou imaginées par l'homme pour s'affranchir du boulet de l'attraction terrestre.

La plupart des arts et des sujets de science peuvent remonter une échelle chronologique fort longue, et quelques-uns se perdent dans la nuit des temps, pour parler comme les historiens. L'art de s'élever dans les airs ne rencontre pas d'ancêtres sérieux dans l'histoire, et la découverte des Montgolfier s'est élevée spontanément sans que les inventeurs aient pu, comme Copernic ou Colomb, trouver dans la lecture des ouvrages anciens l'indice du principe sur lequel est construit le ballon. Du moins n'avons-nous aucune preuve que les peuples anciens aient rien mis en pratique dans l'art de la navigation aérienne. Les essais que nous allons signaler n'appartiennent pas rigoureusement à l'histoire de l'aérostation.

Si nous commencions notre revue rétrospective au déluge, ou aux temps héroïques, nous remarquerions d'abord dans le ciel mythologique Mercure aux pieds ailés et les fréquentes visites des divinités de l'Olympe aux habitants de la terre, et dans le ciel biblique, les voyages des anges. Mais ce serait abuser de l'analogie. Un peu plus tard, nous apercevons dans l'île de Crète, Dédale, fuyant la colère de Minos, se sauver avec son fils Icare à l'aide d'ailes de sa construction qui lui permirent de traverser les airs. Les ailes étaient, paraît-il, soudées par de la cire, puisque l'imprudent Icare s'étant élevé trop haut, fut atteint par un rayon de soleil qui fondit cette cire et le précipita dans la mer, auprès d'une petite île qui depuis se nomma Icarie. Il y a peut-être sous ce symbole l'invention des voiles de navire.

En descendant le labyrinthe de l'histoire antique, nous rencontrons, au quatrième siècle av. J.-C., Architas de Tarente, ami et contemporain de Platon, qui passe pour avoir lancé dans les airs le premier cerf-volant, et qui, d'après les auteurs grecs « fit une colombe de bois qui volait, mais qui ne se relevait plus si elle venait à tomber. » Son vol, est-il dit, s'effectuait « par le moyen d'un artifice mécanique et se soutenait par des vibrations. »

En l'an 66 de l'ère chrétienne, au temps de Néron, Simon le Magicien, — qui s'appelait le mécanicien, — fit à Rome des expériences de vol à une certaine hauteur. On sait qu'aux yeux des premiers chrétiens, cette puissance, ainsi que celle de plusieurs autres personnages, était attribuée au démon, et que l'homonyme de notre homme volant, saint Pierre, se mit en prières pendant que Simon planait dans l'espace, et obtint de la charité divine que ce renégat tombât sur le forum, et se brisât le crâne sur place.

Du haut de la tour de l'hippodrome de Constantinople, au temps de l'empereur Emmanuel Comnène, un Sarrazin eut le même sort que Simon. Ses expériences étaient fondées sur le principe du plan incliné : il descendait suivant une route oblique en se servant de la résistance de l'air. « Sa robe, fort longue et fort large, dont les pans étaient retroussés avec de l'osier, devait lui servir de point d'appui. »

Le plan incliné a également servi à l'ange Uriel, du *Paradis perdu*, lequel descendait le matin du ciel sur la terre par un rayon de soleil, et remontait le soir de la terre au ciel par la même obliquité. Mais ne donnons pas droit de cité ici aux fantaisies de la pure imagination, et ne parlons pas non plus de Médée la magicienne, de l'enchanteresse Armide, des sorcières du Brocken, de l'Hippogriphe, neveu de Pégase, du Zéphyre aux ailes roses, et des inventions diaboliques du moyen âge, pour lesquelles bien des bûchers s'allumèrent.

Roger Bacon, du treizième siècle, inaugure une ère plus scientifique. Dans son *Traité de l'admirable puissance de l'art et de la nature*, il émit l'idée que l'on « peut faire des machines pour voler, dans lesquelles l'homme étant assis ou suspendu au centre tournerait quelque manivelle qui mettrait en mouvement les ailes faites pour battre l'air, à l'instar de celles des oiseaux. » Dans ce même traité, il donne la description d'une machine volante avec laquelle celle de Blanchard, que nous trouverons au dix-huitième siècle, offre certains rapports. Le moine Roger Bacon était digne de précéder au panthéon des grands hommes le chancelier Bacon, qui devait, au dix-septième siècle, annoncer l'ère de la méthode expérimentale.

L'homonyme d'un nom illustre à d'autres titres, Jean-Baptiste Dante, mathématicien de Pérouse, à la fin du quinzième siècle, construisit des ailes artificielles qui, appliquées au corps de l'homme, lui permettaient de s'élever dans les airs. On rapporte qu'il fit plusieurs fois l'essai de son appareil sur le lac de Trasimène. J.-B. Dante ne doit pas être confondu avec celui qui traça la méridienne de Bologne. Ses expériences sur le vol aérien eurent une triste fin. Dans une fête donnée pour la célébration du mariage de Barthélemy d'Alviane, Dante voulut offrir ce spectacle à la ville de Pérouse, — prélude des ballons qui couronnent aujourd'hui nos fêtes publiques. Il s'éleva très-haut et vola par-dessus la place; mais le fer avec lequel il dirigeait l'une de ses ailes s'étant brisé, il tomba sur l'église de Notre-Dame et se cassa la cuisse.

Un accident semblable arriva à un savant bénédictin anglais, Olivier de Malmesbury. Ce bénédictin passait pour fort habile dans l'art de prédire l'avenir; cependant il ne sut point deviner le sort qui l'attendait. Il fabriqua des ailes, d'après la description qu'Ovide nous a laissée de celles de Dédale, les attacha à ses bras et à ses pieds, et s'élança du haut d'une tour. Mais ses ailes le soutinrent à peine l'espace de cent vingt pas; il tomba au pied de la tour, se cassa les jambes, et traîna depuis ce moment une vie languissante. Il se consolait néanmoins de sa disgrâce en affirmant que son entreprise aurait certainement réussi s'il avait eu la précaution de se munir d'une queue.

Avant d'aller plus loin, observons que le dix-septième siècle est l'époque par excellence des voyages imaginaires. L'astronomie venait d'ouvrir avec éclat son monde de merveilles; une nouvelle vue venait d'être donnée à l'homme, et lui permettait de distinguer la surface de la lune et des autres terres. C'était comme un immense réveil de la pensée humaine. Notre globe relégué loin du centre de l'univers au sein duquel il avait trôné jusque-là, n'était plus qu'un atome perdu dans un nombre incalculable d'autres globes. Les révélations du télescope plongeaient les esprits avides dans l'inquiète curiosité de l'inconnu. C'est alors qu'apparaissent ces excursions bizarres de l'imagination dans le ciel, ces *voyages dans la lune* et dans les planètes, ces romans scientifiques où quelques connaissances élémentaires sont la base des édifices les plus exagérés [1]. Et pour voyager dans les étoiles, il fallait inventer quelque moyen de transport. Au temps passé, Lucien s'était contenté d'un navire soulevé par une trombe vers la lune levant; c'était là un mode trop primitif. L'un des premiers voyageurs à la lune des temps modernes, Godwin (1638), apprivoise des *gansas* ou cygnes sauvages de l'île Sainte-Hélène en leur montrant constamment un objet blanc pour direction. Une belle nuit il s'envole du pic de Ténériffe à cheval sur un bâton traîné par un attelage de ces oies colossales. Au bout de douze jours, il aborde à la lune. Plus tard l'anglais Wilkins opéra la même ascension porté sur un aigle. Alexandre Dumas, qui écrivit récemment un petit roman sur le même sujet, n'a fait que traduire une composition de nos voisins. Après Godwin, nous trouvons Wilkins, auteur d'un ouvrage plus curieux encore que le précédent : *A discourse concerning a new World*, etc., ou, dans l'édition française de La Montagne : *le Monde dans la lune*. Ce penseur peut être regardé comme le précurseur de Montgolfier et des esprits enthousiastes qui saluèrent sa découverte et l'appliquèrent aux découvertes astronomiques. Dans un chapitre de son grand ouvrage intitulé : *Qu'il*

[1] V. Flammarion, *les Mondes imaginaires et les Mondes réels.*

n'est pas impossible que quelqu'un de la postérité puisse descouvrir ou inuenter quelque moyen pour nous transporter en ce Monde de la Lune : et, s'il y a des habitants, d'auoir commerce avec eux, il expose d'abord des doutes qui font paraître son idée irréalisable. Puis, c'est ainsi qu'il raisonne :

« Nonobstant tous lesquels doutes, ie soustiendray cette thèse :

« Que posé qu'un homme peust voler, ou par quelque autre moyen s'eslever jusqu'à vingt milles ou dix lieues de hauteur ou enuiron, il luy seroit possible d'aller jusques à la lune.

« Pour plus grande illustration de cecy : Vous deuez sçauoir que la pesanteur d'vn corps, ou (comme le définit Aristote) l'inclination qu'il a, à tendre en bas vers quelque centre, n'est pas une qualité absolue qui lui soit intrinsèque, comme si partout où le corps retenoit son essence, il deuoit aussi retenir cette qualité : or, comme si la nature auoit planté en tout corps massif, *Appetitionem centri, et fugam extremitatis,* l'inclination vers le centre et l'auersion de l'extrémité, et l'autre n'estant pas rien dauantage, ne peuuent auoir en eux aucun pouuoir d'attraction ou d'expulsion. Suiuant ce commun principe : *Quantitatis nulla est efficacia.*

« Ce que nous pouuons aussi conclurre du mouuement des oyseaux, lesquels ne s'eslèvent de la terre que pesamment, quoy qu'auec beaucoup de peine et de travail : Là où estant haut esleuez, ils se peuvent tenir en l'air et s'efforer tout à l'entour par la simple estendüe de leurs ailes. Or la raison de cette différence n'est pas, comme aucuns se l'imaginent faussement, l'espesseur de l'air qui est sous eux : Car un oyseau n'est pas plus pesant quand il n'y a que vn pied d'air sous luy, que quand il y en a six cens. Comme il appert d'vn nauire dans l'eau (exemple de cette mesme nature), lequel n'enfonce pas d'auantage, et par conséquent, n'est pas plus pesant, quand il n'a que cinq brasses d'eau, que quand il en a cinquante.

« C'est une notion assez gentille à ce propos, dont Albert de Saxe fait mention, et après lui François Mendoce : Que l'air, en quelque partie d'iceluy, est nauigable. Et ce sur ce principe statique, qui est que tout vaisseau d'airain ou de fer (*comme par exemple vn chavderon*) duquel bien que la substance soit beaucoup plus massiue que non pas celle de l'eau, néantmoins estāt plein d'air plus léger, il flottera sur l'eau et n'enfōcera point. De mesme supposez qu'vn vaisseau ou vne escuelle de bois fust posée sur les bords extérieurs de cet air élémentaire, sa cauité estant pleine de feu, ou plvstost d'air éthéré ; il audroit nécessairement sur ce mesme fondement ou principe, qu'elle y demeurast flottante, et d'elle-mesme ne pourroit pas tomber en bas, non plus qu'vn nauire vuide covler à fond.

« C'est ce dont on demeure généralement d'accord, que si la terre estoit percée d'outre en outre, et que le trou allast justement passer par le centre, et qu'on y laissast choir quelque corps pesant, voire fust-ce vne meule de moulin; si est-ce que lors qu'elle viendroit à l'endroit du centre, elle s'y arresteroit tout court suspenduë en l'air.

« La vigueur naturelle par laquelle la terre attire à soy les corps denses est moins efficacieuse à quelque distance ou esloignemens : et partant vn corps de moindre densité qui est plus proche d'elle comme est, par exemple, cet air rare dans lequel nous respirons, peut néantmoins naturellement estre plus bas en sa sitvation, qu'vn autre de plus grande densité qui est plus esloigné; comme par exemple les nuées dans la seconde région. Et bien que l'vn soit absolumēt et de soy-mesme plus propre à ce mouuement de descente; si est-ce qu'à cause de son esloignement, la vertu magnétique de la terre ne peut pas si puissamment agir sur lui.

« Mais si on demande icy quels moyens on se pourroit imaginer pour nous esleuer au delà de la sphère de cette vigueur magnétique de la terre? Ie réponds :

« 1° Que peut-estre il n'est pas impossible qu'vn homme puisse estre capable de voler en l'air par l'applicatiõ de certaines ailes à son corps, ainsi qu'on dépeint les Anges, ou comme on peint Mercure et Dédale, et comme cela a esté attenté et entrepris par diuers personnes, et particulièrement par vn Turc à Constantinople, ainsi que le raconte Busbequius.

2. S'il y a vn si grand oiseau en Madagascar, ainsi que le raconte Paulus Venetus, dõt les plumes des ailes sont de douze pas de longueur et qui peut enleuer en l'air vn cheual et son cheuaucheur, avec autant de facilité que ferait vn de nos milans vne petite souris; il ne faudroit donc qu'instruire vn de ces oyseaux à porter vn homme, et l'on pourroit cheuaucher iusques-là sur son dos, comme fait Ganimede sur vn aigle.

3. Ou si l'vn ou l'autre de ces moyens-là n'est pas suffisant, si puis-je affirmer sérieusement et sur de très-bons fondemens, qu'il seroit possible de faire vn chariot volant dans lequel vn homme pourroit estre assis et luy donner tel mouuement, qu'il pourroit estre porté et pourroit passer au trauers de l'air. Et mesme on le pourroit faire assez grand pour y mettre plusieurs persõnes à la fois, auec des viures pour leur voyage, et autres danrées pour le commerce. Ce n'est pas la grandeur d'vne chose en ce genre de machines, qui puisse en empescher le mouuement, pourueu que la faculté mouuante s'y rapporte et y responde. Nous voyons vn grand navire flotter aussi bien sur l'eau

qu'vn petit morceau de liége; et vn aigle voler en l'air aussi bien que le moindre moucheron.

« Cette machine se pourroit inuenter des mesmes principes, par lesquels Archytas fit voler vn pigeon de bois, et Regiomontanus vn aigle.

« Ie m'imagine qu'il ne seroit pas bien difficile (à qui en auroit le loisir) de monstrer plus particulièrement le moyen de la composer.

« L'accomplissement d'vne telle inuention seroit d'vn si excellent vsage, qu'elle suffiroit non-seulement à rendre un homme fameux, mais aussi le siècle dans lequel il auroit vescu. Car outre les estranges descouuertes, qui par le moyen d'icelle se pourroient faire en cet autre monde-là; elle seroit encore d'vn aduantage inconceuable pour voyager icy-bas, au delà de toute autre commodité qui soit maintenant en vsage.

« De manière que nonobstant toutes ces impossibilitez apparentes, il est assez vray-semblable qu'il se pourra inuenter quelque moyen pour voyager à la Lune. Et combien seront heureux ceux qui reüssiront les premiers en cette entreprise!

« O bien heureux esprits qu'vne viue estincelle
Du diuin Prométhée a porté iusqu'aux cieux,
Bien loin de ces brouillards que la terre recelle,
Qui suffoquent nostre âme et nous creuent les yeux. »

Vient ensuite Cyrano de Bergerac, qui édite cinq moyens différents de voyager dans les airs : 1° par des fioles remplies de rosée que le soleil aspire et fait monter; 2° par un grand oiseau de bois dont les ailes sont mises en mouvement; 3° par des fusées d'artifice qui partent successivement et élèvent chaque fois le char aérien de leur force de projection; 4° par un octaèdre de verre chauffé par le soleil, dont la partie inférieure laisse pénétrer l'air froid plus dense, qui élève le ballon; 5° par un char de fer et un boulet d'aimant que le voyageur lance successivement en l'air et qui attire constamment le char. Ce dernier moyen lui avait été indiqué par un habitant de la lune.

Bien d'autres romanciers ont laissé leur imagination s'égarer dans cette voie, et nous aurions de longs chapitres à écrire, si nous embrassions leurs excursions, de l'île volante de Gulliver à la découverte australe de Rétif de la Bretonne. Mais il est prudent de ne pas nous aventurer dans ce vol sans issue et de continuer la revue historique des tentatives faites pour s'élever dans les airs, en signalant les faits dignes de décorer le port de la navigation aérienne.

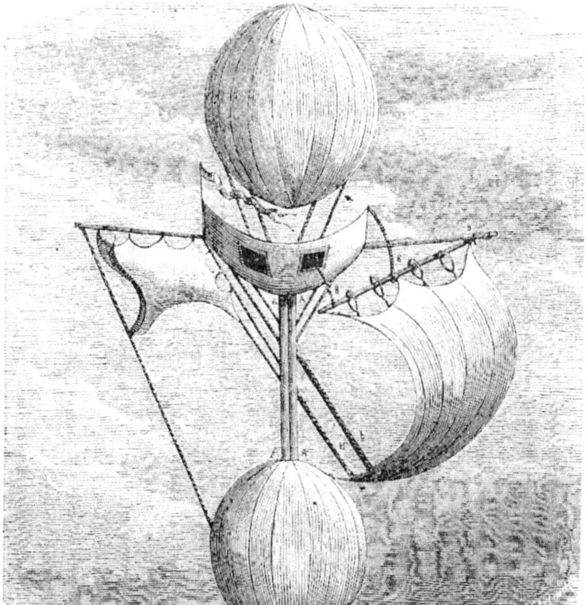

Globe volant. Ballon de Lana (1670).

En 1670, François Lana construisit l'appareil que

notre gravure représente. La légèreté spécifique de l'air échauffé et du gaz hydrogène n'étant pas encore découverte, il n'eut d'autre idée, pour faire élever ses ballons, que de les vider complétement d'air. Mais en supposant même que ces quatre ballons qui surmontent sa nacelle eussent été assez légers pour l'enlever, il est de toute évidence que la pression atmosphérique extérieure eût suffi pour les détruire.

Quant à l'idée de se servir d'une voile pour diriger le ballon comme on dirige un navire, c'était aussi une illusion; car la nacelle aérostatique et les quatre globes de la voile étant tous plongés entièrement dans l'air, auraient toujours dû suivre la direction du courant atmosphérique, quel qu'il fût. Lorsqu'un navire est plongé dans la mer et que ses voiles reçoivent l'impulsion du vent, il faut considérer qu'il y a réellement deux forces : la force active du vent et la force passive de la résistance de l'eau; en corrigeant ces deux forces l'une par l'autre, on peut être jusqu'à un certain point maître de suivre la direction qu'on veut; on finit même, en louvoyant, par remonter dans le lit du vent; mais lorsqu'on n'est soumis qu'à une seule force il faut lui obéir entièrement.

L'invention de Lana est décrite dans son livre intitulé : *Prodrome dell' arte maestra.* Brescia, 1670.

Le germe des découvertes successives dont les hommes de génie sont, de siècle en siècle, les révélateurs, et que les générations développent, existait dès l'origine des temps, écrivait en 1853 un chroniqueur du *Magasin pittoresque.* Lorsque le voile qui les couvre est écarté par la main habile ou heureuse d'un élu de la Providence, nombre de jaloux, pressés d'obscurcir cette gloire naissante, fouillent dans les rêves du passé, qui sont parfois la prophétie, le mirage de l'avenir. Ils y cherchent des preuves que l'idée qui vient de surgir n'est pas neuve, que le progrès est illusoire. L'homme que l'on admirait tout à l'heure, loin, à leur avis, de mériter la reconnaissance universelle, n'a fait que s'attribuer lâchement le mérite d'un autre, en exhumant l'invention enfouie, par un savant ignoré, dans quelque bouquin vermoulu. Ces efforts, ces luttes pour enlever à l'inventeur sa légitime récompense, sa gloire, peuvent obscurcir et désenchanter sa vie, mais non arrêter le retentissement de la divine parole dont l'homme de génie n'est que l'organe; et, en dépit des envieux, l'avenir saluera le nom de chaque révélateur.

Le premier aérostat, s'élançant par delà les nues, avait à peine imposé silence à ceux qui, niant la possibilité de s'élever et de naviguer dans l'air, taxaient de folie les tentatives faites dans ce but, que ces mêmes gens s'empressèrent d'affirmer que la découverte n'était point nouvelle. Le secret de voler à travers l'espace était connu des anciens, disaient-ils; Icare, les magiciennes de la Thrace, les prophètes ravis au ciel, Simon le Sorcier, la fable et l'histoire, jusqu'à Cyrano de Bergerac et ses ingénieuses rêveries pour voyager à travers la lune et le soleil, furent mis en avant et opposés aux jeunes aéronautes. Ces précurseurs cependant étaient d'étranges rivaux; l'envie ne pouvait s'en contenter, et mit en lumière l'ouvrage rare et ignoré du Père Lana. Ce jésuite parlait de navigation aérienne comme divertissement scientifique; la barque volante, dont il donnait la gravure, était surmontée de quatre sphères d'un cuivre tellement mince (il en spécifiait l'épaisseur), que jamais on n'en avait vu de pareil. Pour produire le vide, qui devait alléger l'esquif, le bon père conseillait de les remplir d'eau, que l'on écoulerait en ouvrant des robinets, promptement refermés. Le moyen, comme on voit, était naïf. Cette plaisanterie fut sérieusement présentée comme la source de l'invention des aérostats.

Après la barque dirigeable de Lana, il convient de placer le navire moins chimérique au point de vue des conditions de la navigation atmosphérique, mais plus invraisemblable et surtout plus extraordinairement bizarre, qu'un autre religieux, le père Galien, décrivit, en 1755, dans son petit livre intitulé : *l'Art de naviguer dans les airs, amusement physique et géométrique*. Ce projet de navigation aérienne est colossal, et sa hardiesse n'a d'égale que le sérieux du narrateur. Selon lui, l'atmosphère est partagée en deux couches superposées, la couche supérieure étant plus légère que la première. « Or, dit-il, un bateau se maintient sur l'eau, parce qu'il est plein d'air, et que l'air est plus léger que l'eau. Supposons donc qu'il y ait la même différence de poids entre les couches supérieures de l'air et les inférieures qu'entre l'air et l'eau; supposons aussi un bateau qui aurait sa quille dans l'air supérieur, et ses fonds dans une autre couche plus légère, il arrivera à ce bateau la même chose qu'à celui qui plonge dans l'eau. »

Le père Galien ajoute *qu'à la région de la grêle*, il y a dans l'air une séparation en deux couches, dont l'une pèse 1 quand l'autre pèse 2. « *Donc*, dit-il, en mettant un vaisseau dans la région de la grêle, et en élevant ses bords de *quatre-vingt-trois toises* au-dessus, dans la région supérieure, qui est moitié plus légère, on naviguerait parfaitement.

Si les flancs du navire ne mesuraient pas juste 83 toises, le vaisseau sombrerait au moindre mouvement!... Comment le transportera-t-on dans la région de la grêle? C'est un léger détail sur lequel Galien ne s'explique pas. Quelle est la construction et la taille de fameux navire? Oh! ici, nous avons plus de détails qu'il ne nous en faut.

« Nous voici donc arrivés, dit le Père Galien, au moment de la construction de notre vaisseau pour naviguer dans les airs et transporter, si nous le voulons, une nombreuse armée avec tous ses attirails de guerre et ses provisions de bouche, jusqu'au milieu de l'Afrique ou dans d'autres pays non moins inconnus. Pour cela, il faut lui donner une vaste capacité.

« Plus il sera grand, plus sa pesanteur en sera absolument plus grande, mais aussi elle sera moindre respectivement à son énorme grandeur, comme peuvent le comprendre ceux qui ont quelque teinture de géométrie, et qui savent que plus un corps est grand, moins il a à proportion de superficie, quoiqu'il en ait absolument davantage.

« Nous construirons ce vaisseau de bonne et forte toile doublée, bien arée ou goudronnée, couverte de peau et fortifiée de distance en distance de bonnes cordes, ou même de câbles dans les endroits qui en auront besoin.

« Quant à la forme qu'il faudra donner à ce vaisseau, on aura assez le loisir d'y penser avant que de mettre la main à l'œuvre; contentons-nous pour le présent d'examiner si un vaisseau de figure cubique, ayant, par exemple, 1,000 toises de diamètre, dont le seul corps, indépendamment de sa charge, pèserait 200 livres ou 2 quintaux par toise carrée, pourrait se soutenir dans l'air à la région de la grêle, supposé que la pesanteur de l'air de cette région soit à celle de l'eau comme 1 est à 1,000, et que la pesanteur de l'air de la région, immédiatement au-dessus, ne soit à celle de l'eau que comme 1 est à 2,000.

« Le vaisseau serait plus long et plus large que la ville d'Avignon, et sa hauteur ressemblerait à celle d'une montagne bien considérable. Un seul de ses côtés contiendrait un million de toises carrées ; car 1,000 est la racine carrée d'un million. Il aurait six côtés égaux, puisque nous lui donnons une figure cubique. Nous supposons aussi qu'il fût couvert ; car, s'il ne l'était pas, il ne faudrait avoir égard qu'à cinq de ses côtés, pour mesurer combien pèserait le corps de ce vaisseau, indépendamment de sa cargaison, en lui donnant 2 quintaux de pesanteur par toise carrée. Ayant donc six côtés égaux, et chaque côté étant d'un million de toises carrées, dont chacune pesant 2 quintaux, il s'ensuit que le seul corps de ce vaisseau pèserait 12 millions de quintaux, pesanteur énorme au delà de six fois plus grande que n'était celle de l'arche de Noé avec tous les animaux et toutes les provisions qu'elle renfermait.

« Nous voilà donc embarqués dans l'air avec un vaisseau d'une horrible pesanteur. Comment pourra-t-il s'y soutenir et transporter avec cela une nombreuse armée, tout son attirail de guerre et ses provisions de bouche, jusqu'au pays le plus éloigné ? C'est ce que nous allons examiner... »

Nous ferons grâce à nos lecteurs des immenses calculs du bon Père. Le résultat est qu'il reste encore pour sa cargaison 58 millions de quintaux ; ce qui irait cinquante-quatre fois au delà de ce que pouvait peser l'arche de Noé avec tout ce qu'elle contenait d'animaux et de provisions pour un an que dura le déluge... Quand bien même il entrerait dans notre vaisseau *quatre millions de personnes* pesant chacune 3 quintaux, ce qui est un poids au-dessus de ce que pèse le commun des hommes, et que nous permettrions à chacune de ces personnes d'avoir avec elle 9 quintaux en provisions ou en marchandises, tout cela ne ferait qu'une charge de 48 millions de quintaux. Il en manquerait donc encore 10 millions pour son entière cargaison.

« *Quant à la forme qu'il faudrait donner à ces vaisseaux, elle serait sans doute bien différente de celle dont nous venons de parler.* Il y aurait beaucoup de choses à ajouter ou à réformer pour les rendre commodes, et bien des précautions à prendre pour obvier aux inconvénients; mais ce sont des choses que nous laissons aux sages réflexions de nos habiles machinistes... »

Galien a soin de nous avertir que cette navigation ne serait pas si dangereuse que celle de mer? Le vaisseau, en descendant ici-bas, irait avec une lenteur à ne rien faire craindre de funeste pour les gens de dedans, la vaste étendue de la colonne d'air de dessous s'opposant à la vitesse de sa chute. D'ailleurs, ce vaisseau, après même s'être submergé et rempli d'air grossier, ne pèserait jamais un tiers de plus qu'un pareil volume de cet air. Il viendrait donc à terre beaucoup plus lentement que ne peut faire la plume légère, puisque cette plume, malgré sa légèreté, pèse grand nombre de fois plus que l'air en pareil volume, et, par conséquent, beaucoup plus, à proportion des masses, que ne ferait notre vaisseau submergé!

Ce n'était pas ces précédents qui pouvaient enlever quelques rayons à la gloire de Montgolfier et mettre en doute la spontanéité de sa découverte. On lui chercha d'autres rivaux, et alors vint l'histoire de l'*ovoador* ou homme volant, légende assez confuse et dont les versions variaient. Selon les uns un certain Laurent de Guzman, moine de Rio-Janeiro, ayant vu flotter devant la fenêtre de sa cellule une coquille d'œuf ou une écorce d'orange, avait, en 1720, lancé un ballon devant ses compagnons ébahis; suivant les autres, ce moine s'était élevé à Lisbonne, en 1736, dans un panier d'osier, devant le roi Jean V, jusqu'à la corniche du palais, d'où il était retombé. Les dates s'accordaient peu ; car d'autres récits placent la prétendue ascension de Gusman en 1709. La gravure ci-jointe, extraite de la Bibliothèque de la rue de Richelieu, est l'unique trace rencontrée de la soi-disant invention de Gusman; nous la reproduisons dans toute sa bizarerrie.

Ballon de Laurent Guzmao (1709).

Ce rêve semble plus fantastique encore que ceux de Lana et de Galien.

Suivons notre revue rétrospective. En 1678, un mécanicien de Sablé, dans le Maine, nommé Besnier, inventa une *machine à voler*. Cet instrument consistait en quatre ailes ou grandes pales convenablement inclinées, montées à l'extrémité de leviers qui portaient sur les épaules de l'homme, et qu'on faisait mouvoir alternativement au moyen des pieds et des mains; voici la description qu'en donne dans le *Journal des*

Savants, Paris, 12 septembre 1678, un témoin oculaire :

« Les ailes sont chacune un châssis oblong de taffetas, attachées à chaque bout de deux bâtons, que l'on ajustait sur les épaules. Ces châssis se pliaient du haut en bas comme des battants de volets brisés. Ceux de devant étaient remués par les mains et ceux de derrière par les pieds, en tirant chacun une ficelle qui leur était attachée.

« L'ordre du mouvement était tel, que quand la main droite faisait baisser l'aile droite de devant, le pied gauche faisait remuer l'aile gauche de derrière, ensuite la main gauche et le pied droit faisaient baisser l'aile gauche de devant et la droite de derrière.

« Ce mouvement en diagonale paraissait très-bien imaginé, parce que c'est celui qui est naturel aux quadrupèdes et aux hommes quand ils marchent, ou lorsqu'ils nagent. On trouvait néanmoins qu'il manquait deux choses à cette machine pour la rendre d'un plus grand usage : la première, qu'il faudrait y ajouter une grande pièce très-légère, qui, étant appliquée à quelque partie choisie du corps, pût contre-balancer dans l'air le poids de l'homme ; la seconde, que l'on y ajustât une queue qui servît à soutenir et à conduire celui qui volerait ; mais on trouvait bien de la difficulté à donner le mouvement et la direction à cette espèce de gouvernail, après les expériences qui avaient été inutilement faites autrefois par plusieurs personnes.

« L'inventeur commença d'abord par s'élever de dessus un escabeau, ensuite de dessus une table, après d'une fenêtre médiocrement haute, puis d'un second étage, et ensuite d'un grenier, d'où il passa par-dessus les maisons de son voisinage ; et, s'exerçant ainsi peu à peu, il mit sa machine dans l'état où elle était alors. »

La tradition, dit Dupuis-Delcourt, rapporte que sous Louis XIV, un nommé Allard, danseur de corde, personnage historique d'ailleurs, annonça qu'il ferait, un certain jour, devant le roi à Saint-Germain, une expérience de vol. Il devait partir de la terrasse, au bord de la forêt, et se rendre par la voie de l'air jusque dans les bois du Vésinet au lieu à peu près où se trouve aujourd'hui le débarcadère du chemin de fer. On ne possède aucune description de ses ailes, mais tout porte à croire qu'il s'agissait bien moins de voler, c'est-à-dire de se translater, de voyager dans l'air par le moyen d'un agent mécanique que d'une simple expérience sur la résistance de l'air; d'une sorte de plan incliné à l'aide duquel l'opérateur comptait s'abaisser sans danger du haut de la terrasse et traverser la rivière. Il partit; mais les conditions d'équilibre n'étant pas remplies, il tomba au pied même de la terrasse et se blessa dangereusement.

Léonard de Vinci, le célèbre peintre, aurait connu l'art de voler dans les airs, et l'aurait pratiqué. Cuper, dans son *Traité de l'excellence de l'homme*, l'affirme. Quelques historiens l'ont écrit, d'autres l'ont répété; mais nous n'avons aucune garantie, aucune certitude de la sincérité de leur affirmation. Nous manquons d'ailleurs entièrement de détails sur la manière dont ce fait se serait produit[1].

L'abbé Desforges, chanoine de Sainte-Croix, à Étampes, annonça en 1772, par la voie des journaux, l'expérience d'une voiture volante. Des curieux en grand nombre se rendirent à Étampes le jour indiqué; c'était dans le courant de l'été, et là, on vit en

[1] M. Nadar nous a communiqué des dessins sur différents modes de vol aérien, attribués à la main de Léonard de Vinci, et qui, par l'exactitude de la construction anatomique, méritent certainement la signature de l'un des maîtres de l'école florentine.

effet le chanoine installé avec sa machine à ailes, sur la tour de Guitel déjà en ruine à cette époque.

La machine du chanoine était une sorte de nacelle ou gondole longue de 7 pieds et large de 2 1/2; les ailes étaient à charnières fort larges, dit-on, la gondole pouvait au besoin servir de bateau; elle pesait avec les ailes 48 livres, le conducteur et son bagage, 150 livres, en tout 213 livres que la voiture devait porter. Tout avait été prévu selon le chanoine, et ni l'orage, ni la pluie, ni les vents ne pouvaient l'arrêter ni la culbuter. La machine devait faire 30 lieues à l'heure.

Le jour de l'expérience, M. Desforges entra dans sa nacelle, et le moment du départ venu, il déploya et fit mouvoir ses ailes avec une grande vitesse. « *Mais*, dit un témoin, *plus il les agitait, et plus sa machine semblait presser la terre et vouloir s'identifier avec elle.* »

Ajoutons à ces essais les fantaisies imaginaires de Gulliver, de Wilkins (Pierre) sur les *Hommes volants* et de Rétif de la Bretonne dans sa *Découverte australe;* et nous aurons la liste des noms que l'on a inscrits, la plupart du temps à tort, sur les marges de l'œuvre de Montgolfier. Un dernier ouvrage, fort curieux du reste, que l'on a réuni aux précédents, est le *Philosophe sans prétention,* ou l'homme rare (1775) d'un M. de la Folie, de Rouen. Sur le livre de Rétif de la Bretonne, on voit un homme volant, muni d'ailes fort artistement dessinées, qui s'appliquent exactement aux épaules, — coiffé d'une sorte de parachute, — et chargé d'un panier de provisions suspendu à sa ceinture. Au frontispice du dernier ouvrage, on voit, non un homme, mais une machine à voler. Au milieu d'un châssis de bois léger, l'opérateur est assis sur un siége; d'une main il se tient à l'un des montants, de l'autre il tourne une crémaillère qui paraît donner un mouvement de rotation très-vif à deux globes de verre roulant sur un axe vertical. Ces globes se frottent légèrement, une auréole les enveloppe ; de l'électricité est développée, et c'est à ce fluide que l'on doit le mouvement d'ascension.

De temps en temps cependant, on revenait aux ailes ; le marquis de Bacqueville s'envola d'une fenêtre de son hôtel sur le quai, et alla tomber dans la rivière, sur un bateau de blanchisseuses. Tous furent chansonnés : les vaudevilles et la moquerie poursuivirent les tentatives malheureuses, comme pour décourager l'imagination, cette avant-courrière du génie. Blanchard, qui fit plus tard admirer son intrépidité comme voyageur aérien, tourné en ridicule pour d'infructueux essais, avait été recueilli par l'abbé Viennoy, dans son hôtel de la rue Taranne, aujourd'hui maison des bains. Il y exposa en public ce qu'il appelait son *Vaisseau volant*. Il en demeura au projet, et l'on se moqua de lui. En l'honneur du chanoine d'Étampes, on fit jouer le *Cabriolet volant;* on railla Blanchard dans un autre mauvais vaudeville intitulé : *Cassandre mécanicien*. Nous retrouverons Blanchard après la découverte des Montgolfier.

La plupart de ces tentatives échouèrent. Elles tentaient le vol dans l'espace, non d'après le principe des aérostats (plus légers que l'air), mais sur la direction d'appareils plus lourds que l'air. Ces tentatives ont été renouvelées en ces dernières années sur la foi de principes mathématiques plus rationnels. Aux époques antérieures à l'histoire de l'aérostation, nous trouvons tantôt la conception d'appareils plus lourds que l'air, tantôt celle des aérostats. Ainsi, en 1767, nous voyons Black, professeur de physique à Edimbourg, annoncer dans ses cours qu'une vessie remplie d'hydrogène s'élèverait naturellement dans l'atmosphère,

Un roman de Rétif de la Bretonne.

mais il ne fit jamais l'expérience, la regardant comme purement amusante. Enfin, Cavallo, en 1782, avait communiqué à la Société royale de Londres des expériences qu'il avait faites et qui consistaient à remplir d'hydrogène des bulles de savon qui s'élevaient d'elles-mêmes dans l'atmosphère, le gaz qui les remplissait étant plus léger que l'air.

Aucun de ces travaux scientifiques ou romanesques n'enlève à Joseph Montgolfier la gloire d'avoir imaginé et construit le premier aérostat.

CHAPITRE III

Théorie de l'ascension des aérostats.

Rien de plus facile que ce qui s'est fait hier ; rien de plus difficile que ce qui se fera demain.
BIOT.

On enseigne en physique une proposition connue sous le nom de *Principe d'Archimède* et qui s'énonce comme il suit : « Tout corps plongé dans un liquide perd une partie de son poids égale au poids du fluide qu'il déplace. » Chacun a pu vérifier expérimentalement ce principe, et reconnaître que les objets sont beaucoup plus légers dans l'eau qu'au dehors. Un corps plongé dans l'eau est soumis à l'action de deux forces opposées : la pesanteur qui tend à l'abaisser ; et une poussée de bas en haut qui tend à l'élever. Or ce principe s'applique aux gaz aussi bien qu'aux liquides, à l'air aussi bien qu'à l'eau. Un corps que l'on pèse dans l'air n'indique pas en réalité son véritable poids, mais ce poids diminué de celui de l'air qu'il déplace ; pour connaître le poids rigoureux d'un objet, il faudrait le peser dans le vide.

Si un objet placé dans l'air est plus lourd que la quantité d'air qu'il déplace, cet objet descend et tombe sur le sol. S'il est d'égale densité, il plane ou flotte dans les couches d'air où il se trouve. S'il est plus léger, il s'élève jusqu'à ce qu'il rencontre des couches d'air de moindre densité que lui. On sait que l'air diminue de densité suivant sa hauteur; les couches qui avoisinent la surface de la terre sont les plus lourdes, elles supportent la pression de toutes celles qui s'étendent au-dessus d'elles; celles-ci sont d'autant plus légères qu'elles sont plus élevées.

Le principe de la construction des aérostats n'est donc pas en contradiction avec les lois de la physique et de la pesanteur, comme il peut le paraître à quelques-uns au premier abord; il est au contraire en parfaite harmonie avec ces lois. Les aérostats sont simplement des globes d'étoffe légère et imperméable qui, remplis d'air chaud ou de gaz hydrogène, s'élèvent dans l'air, *parce qu'ils sont moins lourds que l'air qu'ils déplacent.*

Aussi l'application de ce principe parut-elle si simple à la nouvelle de l'invention des ballons, que l'un des plus revêches, l'astronome Lalande écrivait : « A cette nouvelle nous dîmes tous : Cela doit être; comment n'y a-t-on pas pensé? » On y avait bien pensé, comme nous l'avons vu dans le chapitre précédent; mais il y a loin quelquefois de la conception d'une idée à sa réalisation.

Le premier aérostat, celui de Montgolfier, était tout simplement gonflé d'air chaud, et c'est parce que Montgolfier se servait exclusivement d'air chaud qu'on nomma ces appareils *montgolfières*. On peut se convaincre à première vue que l'air chaud est plus léger que l'air froid, puisqu'il est dilaté et occupe plus de volume, — ce qui revient à dire que dans le même volume il y en a une moindre quantité. La différence entre le poids de l'air chaud et celui de l'air froid qu'il déplaçait était encore plus forte que le poids de l'enveloppe : donc le ballon devait monter.

Et puisque l'air va en diminuant de densité à mesure qu'on s'élève, le ballon devait s'élever seulement jusqu'à la couche d'air de densité égale à la sienne. Et comme d'un autre côté l'air chaud qu'il contenait allait en se refroidissant, il devait redescendre lentement, suivant la lenteur du refroidissement. Enfin, comme l'air est toujours parcouru par des courants plus ou moins forts, le ballon devait suivre la direction du courant des couches d'air qu'il traversait nécessairement.

On voit avec quelle simplicité s'explique et l'ascension et le voyage des montgolfières. Il en est de même des aérostats à gaz hydrogène. Un ballon rempli de gaz hydrogène déplace un volume égal d'air atmosphérique; mais comme le gaz hydrogène est beaucoup plus léger que l'air, il est poussé de bas en haut par une force égale à la différence qui existe entre la densité de l'air et celle du gaz hydrogène. Le ballon doit donc s'élever dans l'atmosphère jusqu'à ce qu'il rencontre des couches d'une densité précisément égale à celle de sa propre densité, et, arrivé là, il doit rester en équilibre. Pour que l'aérostat redescende, il faut nécessairement remplacer une partie du gaz hydrogène qui le remplit par de l'air atmosphérique, et il ne peut toucher terre que lorsque le gaz hydrogène a été expulsé et remplacé par de l'air atmosphérique.

Les ballons à gaz hydrogène sont presque les seuls en usage aujourd'hui. A peine voit-on s'élever encore une montgolfière isolée. Nous connaissons cependant des aéronautes qui préfèrent un voyage en montgolfière à celui d'un ballon à hydrogène. A notre avis, ceux-ci sont préférables. La quantité de combustible qu'il faut emporter avec soi, la faible différence qui existe entre la densité de l'air échauffé et celle de l'air froid[1], la nécessité d'alimenter et surveiller sans cesse le feu dans le réchaud suspendu au centre de la nacelle, offraient des obstacles et de grands dangers. Récemment M. Eugène Godard a obvié au dernier de ces inconvénients (celui de brûler vif à quelques mille mètres de hauteur), en adaptant une cheminée surmontée d'une toile métallique de Davy. C'est principalement par cette disposition qu'il a remis en vigueur l'usage des montgolfières.

Généralement, on ne se sert pas d'hydrogène pur pour le gonflement des aérostats. On se contente du gaz d'éclairage, c'est-à-dire de l'hydrogène bicarboné provenant de la décomposition de la houille, qui est environ deux fois plus léger que l'air. Il suffit pour cela de faire arriver de l'usine à gaz la plus voisine la quantité de gaz nécessaire pour le gonflement, au moyen d'un tuyau de conduite reliant l'orifice du ballon à la source du gaz.

L'enveloppe des aérostats est composée de longs fuseaux de taffetas (ou méridiens), cousus ensemble et enduits d'un vernis au caoutchouc, qui rend le tissu imperméable et s'oppose à la fuite du gaz par les pores. Une soupape, moyen imaginé par le physicien Charles, avec lequel nous ferons bientôt connaissance, s'adapte à la partie supérieure du ballon, et permet à l'aéro-

[1] Le calcul donne :

Densité de l'air à 0°	=	1
10°	=	0,96
50°	=	0,84
100°	=	0,72

Ainsi, en entretenant dans la montgolfière la température de l'eau bouillante, ce qui est fort difficile au milieu d'un air très-froid, on n'obtient guère qu'un tiers de différence pour la force ascensionnelle. L'hydrogène pur est quatorze fois plus léger que l'air : pour obtenir de l'air chaud ainsi raréfié, il faudrait pouvoir l'élever à 3653°.

naute de donner une fuite au gaz lorsqu'il veut descendre. Quand la soupape est ouverte, une partie du gaz s'échappe et est remplacée par de l'air froid, augmentant le poids de l'appareil. La nacelle dans laquelle se placent les aéronautes est suspendue au ballon par un filet qui enveloppe le globe tout entier. Des sacs de sable sont emportés suivant la quantité et la force ascensionnelle de l'aérostat. Quand la descente s'opère, si l'aéronaute s'aperçoit qu'il tombe sur un lac, une rivière, une maison, un clocher, ou tout autre point désagréable, il verse du sable, passe par-dessus le clocher et descend dans un endroit plus propice. Ce second moyen est dû comme le précédent au physicien Charles. Ce sont là les deux modes d'ascension ou de descente. Pour monter, jeter du lest; pour descendre, ouvrir la soupape.

Lorsqu'on se sert d'hydrogène pur pour gonfler l'aérostat, on se conforme aux dispositions générales reproduites par notre dessin.

Des copeaux de fer ou de zinc, de l'eau et de l'acide sulfurique occupent une série de tonneaux qui communiquent par des tuyaux de conduite avec un tonneau central défoncé à sa partie inférieure et plongeant dans une cuve pleine d'eau. Le gaz se produit par la réaction de l'eau et de l'acide sulfurique sur le zinc et le fer : c'est de l'hydrogène mélangé d'acide sulfureux. En passant par la cuve d'eau, il se débarrasse de tout parasite désagréable, se lave parfaitement et arrive pur dans l'aérostat par un long tube en toile reliant à l'orifice du ballon le tonneau central. L'acide sulfureux reste noyé dans l'eau. Pour faciliter l'introduction du gaz dans le ballon, on dresse deux mâts; à leur sommet sont des poulies sur lesquelles s'enroule une corde qui passe dans un anneau fixé à la couronne de la soupape. Par ce moyen, l'aérostat peut d'abord être légèrement soulevé au-dessus du sol et le tuyau de gaz peut facilement y aboutir. Plus tard, quand l'aérostat est à demi gonflé, il n'est plus nécessaire de le suspendre, mais il faut au contraire empêcher qu'il ne s'envole. Un certain nombre

Comment on gonfle les ballons.

d'hommes le retiennent alors par les cordes, les forces d'ascension se manifestent de plus en plus; si quelques hommes seulement restaient pour le retenir, il les emporterait vite dans l'espace. Quand les préparatifs sont terminés, on suspend la nacelle, l'aéronaute s'y place, et c'est alors qu'il crie le fameux *Lâchez tout!* parole d'un effet irrésistible.

Le ballon ne doit jamais être entièrement gonflé, car la pression atmosphérique diminuant à mesure qu'on s'élève, le gaz intérieur se dilate en vertu de ses forces expansives, et le ballon éclaterait bientôt dans l'espace.

Un aérostat de dimension ordinaire, dont la force ascensionnelle permet d'enlever trois personnes, des appareils et du lest, a environ 15 mètres de hauteur, 11 mètres de diamètre, et 700 mètres cubes de capacité. Dans ces conditions, l'enveloppe pèse environ 100 kilogrammes, et les accessoires, tels que filets, nacelles, 50 kilogrammes.

Pour connaître la hauteur à laquelle il se trouve, l'aéronaute consulte son baromètre. On sait que c'est le poids de l'air qui presse sur la cuve du baromètre et élève le mercure dans le tube. Plus l'air est lourd, plus le baromètre est haut. Au niveau de la mer, la colonne de mercure est de 77 centimètres. A 1,000 mètres, elle est de 67 centimètres. A 2,000 mètres, elle est de 60. A 3,000 mètres, elle baisse à 53 ; à 4,000 mètres, à 47 ; à 5,000 mètres, à 41 ; à 6,000 mètres, à 36. Nous croyons toutefois utile d'ajouter que ce sont là des chiffres fournis par des tables théoriques, et qu'il y a une sorte de cercle vicieux à se servir du baromètre pour connaître la hauteur. Il conviendrait de contrôler ces données par des mesures trigonométriques prises à terre sur la hauteur de l'aérostat.

Quelquefois on a vu l'aéronaute effectuer sa descente à l'aide d'un appareil étranger à son ballon : le *parachute*. Si, par une cause quelconque, l'aérostat n'offre plus les conditions de sécurité nécessaires à la descente, le parachute peut rendre un important service au voyageur. Jusqu'à présent, il est vrai, on s'est plutôt servi du parachute pour étonner le public, par le spectacle d'un homme qui, du plus haut des airs, se précipite courageusement dans l'espace, que pour obvier à des inconvénients qui ne se sont pas présentés. Toutefois, il arrive souvent que les aéronautes accrochent leur parachute à l'équateur de leur ballon avant de partir pour une excursion aérienne.

Le parachute que l'on voit ici ressemble fort à l'ob-

Parachute fermé.

jet vulgaire et quelquefois fort utile qu'on nomme un parapluie. Les fuseaux de taffetas qui le forment sont cousus ensemble et réunis au sommet à une rondelle de bois. Plusieurs cordes partant de cette rondelle soutiennent la nacelle destinée à recevoir l'aéronaute.

Au sommet se trouve pratiquée une ouverture qui permet à l'air, comprimé par la rapidité de la descente, de s'échapper, sans imprimer à l'appareil des secousses dangereuses.

Le parachute modère la rapidité de la descente par la large surface qu'il présente à la résistance de l'air. Lorsque l'aéronaute veut descendre en parachute, il lui suffit, étant dans la nacelle fixée à celui-ci, de lâcher la corde qui lie le parachute au ballon au moyen d'une poulie. La descente s'accomplit aussitôt avec une vitesse effrayante; mais l'air qui s'engouffre dans les plis du parachute le force à s'ouvrir, et aussitôt, vu la grande surface qu'il présente à l'air, la descente s'opère avec une lenteur suffisante pour que l'aéronaute atteigne la terre sans choc trop brusque.

L'essai du parachute fut d'abord fait sur des animaux. Blanchard laissa tomber ainsi son chien, d'une hauteur de 2,000 mètres. Un tourbillon l'arrêta dans sa chute et le porta au-dessus des nuages. L'aéronaute rencontra bientôt après le parachute et le pauvre animal, qui fit éclater, par ses aboiements répétés, son inquiétude et sa joie de retrouver son maître. Un nouveau courant les sépara; mais le parachute et le chien gagnèrent la terre sains et saufs peu de temps après l'aéronaute.

L'expérience a démontré que, pour un même corps, si la vitesse est doublée, la résistance de l'air est quadruplée; si la vitesse est triplée, la résistance de l'air est neuf fois plus grande; ou enfin, pour parler le langage de la science, la résistance de l'air augmente comme le *carré* de la vitesse du corps en mouvement. Il résulte de ce principe, que, lorsqu'un corps tombe dans l'air, l'accélération de vitesse qu'il éprouve d'abord, va toujours en décroissant, jusqu'à ce que la vitesse devienne uniforme. Cette résistance s'accroît encore en raison de la surface du corps en mouvement, de sorte qu'en augmentant la surface d'un corps tombant, l'uniformité de sa vitesse s'établit plus près de l'origine du mouvement. C'est ainsi qu'on peut ralentir la descente d'un corps en lui donnant un grand développement de surface.

Garnerin conçut en 1802 l'audacieux dessein de se laisser tomber de plus de 200 toises de hauteur, ce

Expérience de parachute par Garnerin. (1802)

qu'il exécuta aux yeux de tout Paris. Arrivé à cette hauteur, l'intrépide aéronaute coupa la corde qui retenait la nacelle du ballon. La chute se fit d'abord avec une rapide accélération; mais bientôt le parachute se développant, la vitesse fut considérablement diminuée ; toutefois le parachute faisait d'énormes oscillations résultant de l'accumulation de l'air en dessous. Cet air, en s'échappant, tantôt par un bord, tantôt par l'autre, produisait sur le parachute cette suite de secousses qui, heureusement, n'amenèrent aucun résultat fâcheux.

L'origine du parachute est déjà ancienne, comme on peut le voir par une figure qui se trouve dans un recueil de machines publié à Venise en 1617.

Le texte français qui précède les planches donne l'explication suivante que nous reproduisons textuellement avec son orthographe, sans y faire d'autre changement que de placer les accents. « Avecq un voile quarré estendu avecq quattre perches égalles, et ayant attaché quattre cordes aux quattre coings, un homme sans danger se pourra jetter du haut d'une tour ou de quelque autre lieu éminent : car encore que, à l'heure, il n'aye pas de vent, l'effort de celui qui tombera apportera du vent qui retiendra la voile, de peur qu'il ne tombe violemment, mais petit à petit descende. L'homme doncq se doibt mesurer avec la grandeur de la voile. »

Une espèce de parachute moins parfaite, il est vrai, que celle qu'employa Garnerin, mais d'un emploi possible néanmoins, était donc décrite cent quatre-vingt-cinq ans avant la tentative heureuse du célèbre aéronaute.

Nous lisons encore dans la relation de l'ambassade de Louis XIV à Siam, à la fin du dix-septième siècle, ce passage caractéristique :

« Un saltimbanque (à la cour du roi de Siam) grimpait au haut d'un bambou élevé et se laissait descendre, sans autre secours que deux parasols, dont les manches étaient attachés à sa ceinture. Il s'abandonnait ainsi au vent, qui le portait au hasard, tantôt à terre, tantôt sur des arbres ou sur des maisons, et tantôt dans la rivière, sans que jamais cet homme se fît du mal. »

N'est-ce pas là l'idée de nos parachutes?

CHAPITRE IV

Première expérience publique (Annonay, le 5 juin 1783).

On a coutume de placer sur le même rang scientifique les deux frères Joseph et Étienne Montgolfier. Cette association de deux noms fort inégaux paraît plutôt due à l'amitié fraternelle qui les unissait du vivant de ceux qui les ont portés, qu'à l'égalité du mérite de ces deux esprits à la reconnaissance de la postérité. Des recherches particulières nous ont appris que Joseph Montgolfier était fort supérieur à ses frères, et que c'est à lui principalement, sinon exclusivement, que l'invention de l'art aérostatique doit être attribuée. Toutefois nous n'insisterons pas sur cette particularité, et puisqu'une sainte amitié a constamment répandu sur la patriarcale famille des Montgolfier le parfum de l'union la plus intime, nous respecterons ce souvenir sacré, et nous laisserons parfois dans notre langage le frère de Montgolfier à la place d'honneur qu'il occupa pendant sa vie[1].

[1] L'auteur croit cependant utile de donner ici un extrait d'une lettre que M. Séguin aîné, membre correspondant de l'Institut, neveu de J. Montgolfier, lui écrivit d'Annonay à ce sujet :

« Tous ceux qui ont écrit sur lui, tant pour ses biographies que pour rendre compte de ses travaux, semblent s'être entendus pour fausser à son égard et à son détriment l'opinion du public !

« Tout le monde converge en effet pour le faire partager avec

En 1783, les fils de Pierre Montgolfier, riche fabricant de papier à Annonay, dans la province du Vivarais (aujourd'hui département de l'Ardèche) étaient déjà dans la fleur de l'âge. Ils s'occupaient d'expériences de physique.

Joseph Montgolfier, après s'être assuré par de petites expériences faites en particulier, dans le courant de 1782 et au commencement de l'année 1783, qu'une chaleur de cent degrés raréfie l'air de moitié dans un vaisseau fermé, et lui fait occuper dans ce nouvel état un espace double de celui qu'il occupait précédemment, ou, en d'autres termes, en *diminue la pesanteur de moitié*, supputa quelle était la forme et le volume d'une machine qui, remplie d'un air ainsi raréfié, devrait s'élever dans l'air, en entraînant le poids de son enveloppe.

Son premier ballon fut un petit parallélipipède creux, en taffetas très-mince, contenant moins de deux

ses frères, et surtout avec Étienne, l'honneur d'inventions auxquelles jamais un des siens n'a participé. Cette opinion était si bien celle de ses confrères à l'Institut, que lors de la première publication de mon ouvrage sur les ponts en fils de fer, M. Gérard, membre de la section de mécanique, chargé de faire le rapport de l'extrait de mon ouvrage que j'avais lu à l'Académie des sciences, me réprimanda vertement de ce qu'en parlant de mon oncle Montgolfier j'avais ajouté le prénom de *Joseph*, en me disant que l'Académie n'admettait et ne connaissait qu'un seul Montgolfier, qui avait été membre de l'Institut, et qu'ajouter un prénom à son nom c'était induire en erreur ceux qui pouvaient croire que tout autre que lui seul pût avoir un mérite quelconque à ses inventions. — Mais vous savez comment se font les biographies, etc.....

« Son frère Étienne était poli, allait à la cour de Louis XVI, portait galamment son épée, faisait des compliments aux dames coquettes, et quelquefois même quelque chose de plus! Des compliments aux grands seigneurs, et voilà son seul et unique mérite que ses historiens peuvent faire valoir sans que personne ne le trouve mauvais. Mais il n'en est pas moins vrai que parmi les sept ou huit frères Montgolfier, tous d'une grande valeur, Joseph seul a eu une dose de génie telle, que depuis Newton il n'avait pas existé d'homme qui pût lui être comparé! »

mètres cubes d'air. Il le fit monter au plafond d'un appartement, au mois de novembre 1782, à Avignon, où il se trouvait alors. Rentré peu de temps après à Annonay, les deux frères répétèrent en commun, avec succès, l'expérience en plein air. Certains alors

Les frères Montgolfier.

du principe, ils firent une machine plus considérable, et qui contenait au delà de 20 mètres cubes d'air; elle s'éleva de même, rompit les cordes à l'aide desquelles on voulait la retenir, et alla tomber sur les coteaux voisins, après être montée à une hauteur de deux à trois cents mètres.

Les frères Montgolfier firent alors une très-grande et forte machine, avec laquelle ils voulurent faire constater publiquement leur découverte.

L'expérience eut lieu le 5 juin 1783. L'assemblée

des États du Vivarais se trouvant à Annonay, fut invitée à y assister, et voici en quels termes en a rendu compte Faujas de Saint-Fond, auteur de la *Description des expériences de la machine aérostatique*, publiée la même année :

« Après avoir médité longtemps sur l'ascension des vapeurs dans l'atmosphère, où elles se réunissent pour former des nuages qui, malgré leurs masses et leur pesanteur, se soutiennent non-seulement à de grandes hauteurs, mais encore flottent et voyagent au gré des vents, ils entrevirent la possibilité d'imiter la Nature dans une de ses plus grandes et de ses plus majestueuses opérations. Ils conçurent dès lors l'idée hardie de former, à l'aide d'une vaste enveloppe et d'une vapeur légère, une espèce de nuage factice que la seule pesanteur de l'air atmosphérique forcerait de s'élever juqu'à la région où les orages et les tempêtes prennent naissance. L'idée seule de ce projet suppose nécessairement du génie, son exécution, du courage, et une tête organisée de manière à trouver des ressources pour parer à la multitude d'obstacles qui devaient environner une entreprise de cette espèce.

« Il y a loin sans doute d'une expérience de cabinet, quelque délicate et quelque ingénieuse qu'elle puisse être, à celle où il faut que l'homme combine des moyens pour imiter la nature dans une opération qui n'avait encore été tentée par personne, car tout ce qui avait été fait jusqu'alors pour s'élever dans l'air, n'étant fondé que sur de faux calculs, ou sur des pratiques chimériques, n'avait abouti qu'à jeter un ridicule mérité sur ceux qui s'obstinaient à prendre la route la plus opposée au véritable but.

« Le jeudi 5 juin 1783, l'assemblée des États particuliers de Vivarais se trouvant à Annonay, fut invitée par les auteurs de la machine aérostatique à assister à l'expérience qu'ils se proposaient de faire en public.

« Quel fut l'étonnement général lorsque les inventeurs d'une telle machine annoncèrent qu'aussitôt qu'elle serait pleine d'un gaz qu'ils avaient le moyen de produire à volonté par le procédé le plus simple, elle s'enlèverait d'elle-même jusqu'aux nues! Il faut convenir alors que, malgré la confiance que l'on avait aux lumières et à la sagesse des Montgolfier, cette expérience paraissait si incroyable à ceux qui allaient en être es témoins. que les personnes les plus instruites, celles même qui étaient le plus favorablement prévenues, doutaient presque sans balancer de son succès.

« Enfin, les frères Montgolfier mettent la main à l'œuvre, ils procèdent au développement des vapeurs qui devaient produire le phénomène; la machine, qui ne présentait alors qu'une enveloppe de toile doublée en papier, qu'une espèce de sac gigantesque de 35 pieds de hauteur, déprimé, plein de plis et vide d'air, se gonfle, grossit à vue d'œil, prend de la consistance, adopte une belle forme, se tend dans tous les points, fait effort pour s'enlever : des bras vigoureux la retiennent, le signal est donné, elle part et s'élance avec rapidité dans l'air, où le mouvement accéléré la porte en moins de 10 minutes à 1,000 toises d'élévation.

« Elle décrit alors une ligne horizontale de 7,200 pieds, et comme elle perdait considérablement de son gaz, elle descendit lentement à cette distance, et elle se serait sans doute soutenue bien plus longtemps en l'air, si l'on avait eu la facilité de porter dans son exécution la solidité et l'exactitude qu'elle exigeait; mais le but était rempli, et cette première tentative, couronnée d'un aussi heureux succès, mérite à jamais aux frères Montgolfier la gloire d'une des plus étonnantes découvertes.

« Pour peu qu'on veuille réfléchir sur les difficultés

sans nombre que présentait une expérience aussi hardie. sur la critique amère à laquelle elle exposait ses auteurs, si elle eût manqué par quelque accident, sur les dépenses qu'elle a entraînées, l'on ne peut s'empêcher d'avoir la plus grande admiration pour les auteurs de la machine aérostatique. »

Étienne Montgolfier a du reste pris soin lui-même de donner la description de ce premier ballon. « La machine aérostatique dont l'expérience, dit-il, fut faite devant MM. des Etats particuliers de Vivarais, le jeudi 5 juin 1783, était construite en toile doublée de papier, cousue sur un réseau de ficelles fixé aux toiles. Elle était à peu près de forme sphérique, et sa circonférence était de 110 pieds; un châssis en bois de 16 pieds en carré, la tenait fixée par le bas. Sa capacité était d'environ 22,000 pieds cubes; elle déplaçait donc, en supposant la pesanteur moyenne de l'air, comme 1/300 de la pesanteur de l'eau, une masse d'air de 1,980 livres.

« La pesanteur du gaz était à peu près moitié de celle de l'air, car il pesait 990 livres, et la machine pesait, avec le châssis, 500 livres. Il restait donc 490 livres de rupture d'équilibre, ce qui s'est trouvé conforme à l'expérience. Les différentes pièces de la machine étaient assemblées par de simples boutonnières arrêtées par des boutons; deux hommes suffisent pour la monter et pour la remplir de gaz, mais il en fallut huit pour la retenir et qui ne l'abandonnèrent qu'au signal donné : elle s'éleva par un mouvement accéléré, mais moins rapide sur la fin de son ascension, jusqu'à la hauteur d'environ 1,000 toises. Un vent à peine sensible vers la surface de la terre la porta à 1,200 toises de distance du point de son départ. Elle resta 10 minutes en l'air; la déperdition du gaz par les boutonnières, par les trous d'aiguilles et autres imperfections de la machine, ne lui permit pas d'y rester davantage. Le vent, au moment de l'expérience, était au midi, et il pleuvait ; la machine descendit si légèrement qu'elle ne brisa ni les épis, ni les échalas de la vigne sur lesquels elle se reposa. »

CHAPITRE V

Seconde expérience
(Paris, Champ de Mars, le 27 août 1783).

L'enthousiasme indescriptible allumé par l'ascension du premier ballon à Annonay rayonna de toutes parts, et enflamma bientôt la curiosité étonnée des physiciens de la capitale. Le procès-verbal dressé par les États particuliers du Vivarais, ou pour mieux dire par le contrôleur général d'Ormesson, fut envoyé à l'Académie des sciences de Paris. Pour satisfaire à la demande du comte de Breteuil, ministre, l'Académie nomma une commission. Mais la renommée, plus rapide que la commission scientifique et plus enthousiaste que les académies, avait d'un seul essor franchi la distance d'Annonay à Paris et exalté l'ardeur anxieuse des amateurs de physique. Aussitôt, ce fut à qui reproduirait l'expérience des Montgolfier, quoique le procès-verbal ainsi que les lettres venues d'Annonay ne fissent pas mention de l'espèce de gaz employé pour gonfler les ballons d'un fluide moins lourd que l'air. Par une de ces coïncidences fréquentes dans l'histoire des sciences, et qui sont les pas du progrès de cette histoire, le gaz hydrogène avait été découvert six ans auparavant par le physicien anglais Cavendish; à peine expérimenté encore dans les laboratoires de chimie, il parut appelé immédiatement à son usage le plus triomphal. Un jeune professeur de physique, Charles, secondé par deux constructeurs, les frères Robert, se lance ardemment à la recherche des modes de gonflement par ce gaz, alors nommé *air inflammable*. Sachant cet air beaucoup plus léger que celui dont les Montgolfier avaient été obligés de se servir dans la pénurie d'une ville de province, il se concerte avec les deux expérimentateurs précédents pour construire un ballon de taffetas enduit de gomme élastique, de douze pieds de diamètre, et le remplir d'hydrogène.

La chose ainsi arrêtée, l'on ouvre une souscription : le projet de cette expérience ayant couru de bouche en bouche, chacun en est frappé, et tous s'empressent de venir se faire inscrire. Bientôt les noms les plus illustres décorent le tableau de cette *première souscription nationale;* elle mérite ce nom : rien n'avait été écrit, rien n'avait été annoncé, dans aucun papier public, et tout le monde accourait en foule pour contribuer à cette curieuse expérience.

Le gonflement par le gaz hydrogène s'effectua d'une manière très-primitive; on perdit une quantité immense de gaz, car l'opération dura quatre jours. Il fallut employer 500 kilogr. de fer et 250 kilogr. d'acide sulfurique pour remplir un ballon qui soulevait à peine un poids de 9 kilogr. Cependant, au bout du quatrième jour, le ballon, composé de fuseaux de soie recouverts d'un vernis, flottait aux deux tiers rempli dans l'atelier des frères Robert.

C'est le 23 août, moins de trois mois après l'expérience d'Annonay, que, la souscription close, on commença le mystérieux gonflement. Mille péripéties entouraient ce second pas dans la conquête d'un nouveau monde. Il faudrait avoir été témoin de l'impression publique pour la ressentir. Suivons encore ici le récit du témoin oculaire Faujas de Saint-Fond, racontant cette scène palpitante d'intérêt depuis le gonflement du ballon à la place des Victoires, dans les ateliers des frères Robert, jusqu'à son ascension au Champ de Mars et à sa chute à Gonesse :

« Comme celle du 23, la journée du 24 fut employée à produire de l'air inflammable, à rafraîchir le ballon et à le préserver d'accident; mais les coopérateurs furent bien dédommagés de leurs peines, lorsqu'ils aperçurent qu'il tendait à s'élever avec effort, à six heures du soir, quoiqu'il ne fût rempli qu'à demi. Le courage redoubla, l'enthousiasme s'en mêla; l'on vit dès lors le succès de l'expérience; à sept heures, le *Globe* faisait effort contre les liens qui le retenaient. L'on prit les précautions les plus sûres pour qu'il n'arrivât aucun accident pendant la nuit; le robinet fut soigneusement fermé, la clef fut emportée, et chacun se retira content.

« L'on juge que le lendemain 25, ce fut à qui arriverait le premier pour rendre visite à la machine. Elle fut reconnue être dans le meilleur état : l'on y introduisit du gaz pour réparer les pertes inévitables qui s'étaient faites pendant la nuit, soit par des pores imperceptibles, soit par des trous d'aiguille que la gomme élastique n'avait pas entièrement bouchés. On la pesa à six heures du matin, après l'avoir débarrassée de ses attaches, et quoiqu'elle ne fût pleine environ qu'à demi, elle enlevait 21 livres : comme le jour fixé pour l'expérience publique était indiqué au 27, on ne voulut pas la remplir davantage, crainte de la fatiguer. Pesée de nouveau à neuf heures du soir, elle n'enlevait plus que 18 livres; elle avait donc perdu dans 15 heures, 3 livres de poids, c'est-à-dire que l'équilibre en moins était rompu de 3 livres.

« Le 26, le *Globe* fut visité à la pointe du jour, et fut trouvé en très-bon état; il avait perdu de l'air inflammable à peu près dans les mêmes proportions que la veille. On se remit au travail pour augmenter le gaz, et dès huit heures du matin on sortit le ballon de son harnais, on l'attacha à de petites cordes, et on eut le plaisir de le voir s'élever à plus de 100 pieds.

« Une nombreuse populace accourut aussitôt de toute part; la place des Victoires fut couverte de monde, et la surprise des personnes qui n'étaient pas présentes fut extrême, en voyant dans les airs un corps de ce diamètre. Mais le vent qui survint pouvant le fatiguer, on le retira pour le remettre à sa première place, dans la cour où était son établissement, et il eut ce jour-là une si grande quantité de visites, qu'une garde du guet à pied et à cheval, établie à la porte, ne put jamais retenir l'affluence du monde, et qu'il fallut se déterminer à laisser les portes ouvertes pour satisfaire la curiosité et l'empressement du public.

« L'on expédia d'abord pour le Champ de Mars l'attirail et tous les accessoires nécessaires à l'expérience : à deux heures après minuit, le ballon fut dégagé de ses liens; des personnes intelligentes le transportèrent jusqu'à la porte : et, comme il n'était pas plein, on eut la facilité de le comprimer et de lui faire adopter une forme allongée, qui lui permit d'arriver sur la place des Victoires sans le plus léger accident. Il fut déposé sur un brancard prêt à le recevoir, et disposé pour cet objet. Les mêmes lisières qui le tenaient suspendu dans la cour le rendirent stable et il entra en marche.

« Rien de si singulier que de voir ce ballon ainsi porté, précédé de torches allumées, entouré d'un cortége et escorté par un détachement du guet à pied et à cheval! Cette marche nocturne, la forme et la capacité

Le départ du premier ballon pour le Champ de Mars.

du corps qu'on portait avec tant de pompe et de précaution; le silence qui régnait, l'heure indue, tout tendait à répandre sur cette opération une singularité et un mystère véritablement faits pour en imposer à tous ceux qui n'auraient pas été prévenus. Aussi les cochers de fiacres qui se trouvèrent sur la route en furent si frappés que leur premier mouvement fut d'arrêter leurs voitures et de se prosterner humblement, chapeau bas, pendant tout le temps qu'on défilait devant eux.

« Enfin le ballon arriva par les rues des *Petits-Champs,* de *Richelieu,* de *Saint-Nicaise,* par le *Carrousel,* le *Pont-Royal*, la rue de *Bourbon* et les *Invalides* (3 kilomètres), à l'École-Militaire, où il fut déposé au milieu du Champ de Mars, dans une enceinte disposée pour le recevoir.

« Les lisières qui l'enveloppaient servirent à le retenir en place, au moyen de petites cordes fixées vers le méridien du *Globe,* et qui furent arrêtées dans des anneaux de fer plantés en terre.

« Dès l'instant où le jour parut, l'on s'occupa à faire du gaz; à midi il était assez plein pour avoir une belle forme, il fallait peu de temps pour achever de le remplir; mais l'on réservait au public le reste de l'opération, pour lui donner une idée de la manière dont on produisait le gaz.

« Le Champ de Mars était garni de troupes, les avenues étaient gardées de tout côté : les ordres étaient donnés pour faciliter la marche des voitures et prévenir les accidents. A trois heures l'on vit le Champ de Mars se couvrir de monde; les carrosses arrivaient de toutes parts, et bientôt ils ne purent aller qu'à la file. Les bords de la rivière, le chemin de Versailles, l'amphithéâtre de Passy étaient garnis d'une foule immense de spectateurs. L'hôtel de l'École-Militaire et le Champ de Mars renfermaient la plus superbe et la plus nombreuse assemblée. A cinq heures, un coup de canon fut le signal qui annonça que l'expérience allait commencer; il servit en même temps d'avertissement pour les savants placés sur la terrasse du Garde-Meuble de la Couronne, sur les tours de Notre-Dame et à l'Ecole-Militaire, et qui devaient appliquer les instruments et les calculs à leur observation. Le *Globe*, dépouillé des liens qui le retenaient, s'éleva, à la grande surprise des spectateurs, avec une telle vitesse, qu'il fut porté en deux minutes à 488 toises de hauteur; là il trouva un nuage obscur, dans lequel il se perdit; un second coup de canon annonça sa disparition, mais on le vit bientôt percer la nue, reparaître un instant à une très-grande élévation, et s'éclipser dans d'autres nuages.

« La pluie violente qui survint au moment où le *Globe* s'élevait ne l'empêcha pas de monter avec une extrême rapidité, et l'expérience eut le plus grand succès; elle étonna tout le monde. L'idée qu'un corps parti de terre voyageait dans l'espace avait quelque chose de si admirable et de si sublime, elle paraissait si fort s'écarter des lois ordinaires, que tous les spectateurs ne purent se défendre d'une impression qui tenait de l'enthousiasme. La satisfaction était si grande, que les femmes, élégamment vêtues, les yeux dirigés sur le *Globe*, recevaient la pluie la plus forte et la plus abondante sans se déranger, s'occupant beaucoup plus alors de voir un fait aussi surprenant que du soin de se garantir de l'orage.

Le *Globe* avait 12 pieds 2 pouces de diamètre; la circonférence était donc de 38 pieds 8 pouces 7 lignes; sa capacité intérieure de 943 pieds 3 lignes cubes; le poids du taffetas et du robinet de 25 livres, et la force d'ascension, lorsqu'il s'est élevé, de 35 livres. »

Expérience du 27 août 1783 au Champ de Mars.

Il convient d'ajouter au récit de Faujas de Saint-Fond que la chute de ce premier ballon à hydrogène, causée par l'expansion des gaz et la rupture de l'enveloppe, jeta un effroi sans pareil chez les bons campagnards au milieu desquels elle s'effectua. Les habitants accourent en foule, et deux moines leur ayant assuré que c'était la peau d'un animal monstrueux, ils l'assaillirent à coups de pierres, de fourches et de fléaux : le curé du lieu fut obligé de se transporter près du ballon pour rassurer ses paroissiens épouvantés. Ils attachèrent enfin à la queue d'un cheval l'instrument de la plus belle expérience de physique qui ait jamais été faite; il fut traîné à plus de mille toises à travers champs.

Les nombreux dessins, éventails, estampes de l'époque représentent des paysans armés de fourches, de fléaux, de faux qui décharpent; un garde-champêtre du temps tire à coup double sur le pauvre ballon, un chien se précipite pour dévorer la peau, un gros curé pérore, une troupe de jeunes gens lancent des pierres.

Nous lisons dans le récit de Dupuis-Delcourt que l'alarme générale ayant amené un grand nombre de personnes chez le curé, celui-ci, tout aussi embarrassé que ses ouailles effrayées, finit par leur proposer d'aller exorciser la chose, quelle qu'elle fût.

On se rendit donc processionnellement, et non sans faire de grands détours et de nombreuses stations, accompagnées de prières, au lieu où gisait sur le sol la malheureuse machine. Comme elle était encore à moitié pleine de gaz, elle offrait un spectacle imposant, et le vent, qui la faisait tressaillir de temps à autre, lui donnait véritablement une apparence redoutable. Évidemment on cherchait à gagner du temps, dans l'espérance que le monstre s'éloignerait. Qui pouvait dire que ce ne fût pas là l'une des fameuses bêtes de l'Apocalypse?

Mais il y mettait de l'obstination. Une heure s'était déjà passée dans ces préliminaires; il fallait en finir: un brave, l'histoire n'a pas recueilli son nom, prit à deux mains son courage, se saisit d'un fusil de chasse, et, avec toutes les précautions, toutes les ruses d'un chasseur consommé, il se détacha du groupe qui stationnait toujours à la même place, et marcha vers l'animal sur lequel il fit feu, à une distance raisonnable.

Heureusement notre homme ne s'était pas trop avancé, il n'y eût pas inflammation du gaz hydrogéne; mais la charge de plomb avait déchiré le flanc du ballon; le gaz en sortit, et l'on vit, peu à peu, la masse d'abord changer de forme, puis bientôt s'amoindrir. Victoire! nul doute, la bête était blessée; elle se tordait sur elle-même! D'aucuns lui entendirent même jeter un grand cri : c'en était fait d'elle.

Immédiatement ces hommes, tout à l'heure si pleins de terreur, si timorés, si craintifs, se précipitent vers le pauvre ballon : il est frappé de toutes manières, à coups de fourches, à coups de fléaux et de bâtons. Un malavisé ose y porter la main et déchire ce qu'il croit être la peau d'un animal; une odeur fétide se répand et éloigne pour quelques instants tout le monde. Enfin, le premier ballon à gaz hydrogène, ce bel instrument, qui avait coûté tant de soins et d'argent, fut attaché à la queue d'un cheval qu'on chassa devant soi, à travers les champs, les fossés et les routes, pendant l'espace de plus d'une lieue; le cheval courait encore, accompagné de mille cris d'enthousiasme, quand il n'avait plus derrière lui que des lambeaux épars du ballon.

On sut à Paris ce qui venait de se passer; mais trop

Émeute à Gouesse (août 1783).

tard. Quand on vint sur les lieux, il fut à peine possible de recueillir quelques échantillons de l'étoffe.

Pour prévenir le retour de pareils actes, le gouvernement publia une pièce d'une naïveté touchante, sous le titre de *Avertissement au peuple sur l'enlèvement des ballons en l'air*. Voici un extrait de ce mémorable témoignage de sollicitude.

« On a fait une découverte dont le gouvernement juge convenable de donner connaissance, afin de prévenir les erreurs qu'elle pourrait occasionner parmi le peuple. En calculant la différence de pesanteur entre l'air appelé inflammable et l'air de notre atmosphère, on a trouvé qu'un ballon rempli de cet air inflammable, devait s'élever de lui-même vers le ciel pour ne s'arrêter qu'au moment où les deux airs seraient en équilibre, ce qui ne peut être qu'à une très-grande hauteur. La première expérience a été faite à Annonay, en Vivarais, par les sieurs Montgolfier, inventeurs. Un globe de toile et de papier s'est élevé de lui-même à une hauteur qu'on n'a pu calculer. La même expérience vient d'être renouvelée à Paris (le 27 août à 5 heures du soir) en présence d'un nombre infini de personnes. Un globe de taffetas enduit de gomme élastique, s'est élevé jusque dans les nues. On se propose de répéter cette expérience avec des globes beaucoup plus gros. Chacun de ceux qui découvriront dans le ciel de pareils globes qui présentent l'aspect de la lune obscurcie, doit donc être prévenu que, loin d'être un phénomène effrayant, ce n'est qu'une machine toujours composée de taffetas ou de toile légère recouverte de papier, qui ne peut causer aucun mal, et dont il est à présumer qu'on fera quelque jour des applications utiles aux besoins de la société.

« La sphère aérostatique, abandonnée aux vents

dans le Champ de Mars, est construite de taffetas gommé, bien clos à sa surface, de manière que l'air extérieur n'y pénètre pas. Il est rempli d'air inflammable, vapeur provenant d'une dissolution de limaille de fer avec l'huile vitriolique. En s'élevant, il décrit une courbe parabolique dirigée du sud au nord, et s'est enlevé très-promptement dans les airs à perte de vue, et il est tombé à Gonesse le même jour à six heures.

« Lu et approuvé, ce 3 septembre 1783.

« De Sauvigny. »

Cette ascension fut un événement considérable. Du plus petit au plus grand, tous les esprits en étaient préoccupés. Nous lisons dans une lettre du général Meunier, alors officier du génie, une série d'observations faites sur les angles de hauteur et de déclinaison du ballon, au dôme de l'Ecole-Militaire, sur le comble du Garde-Meuble de la place Louis XV, etc. Le Gentil, astronome de l'Observatoire et de l'Académie, observait de la plate-forme de l'Observatoire; Prévost était sur l'une des tours de Notre-Dame; Jeaurat à la place Louis XV; d'Agelet au Champ de Mars. Jamais les observateurs ne s'étaient si bien concertés pour les mesures angulaires d'une comète. Pour les astronomes eux-mêmes cet événement terrestre brillait au-dessus des événements célestes. — Au surplus, l'aérostation ne jetait-elle pas un pont entre la terre et le ciel? — Il n'y avait guère que Lalande qui fronçait le sourcil. L'année précédente, il avait déclaré la navigation aérienne *impossible*.

CHAPITRE VI

Troisième expérience
(Paris, faubourg Saint-Antoine, en présence des commissaires de l'Académie).

INTERMÈDES.

Comme on le voit, le triomphe de l'aérostation marchait à merveille et faisait du bruit dans le monde. Montgolfier le jeune était arrivé à Paris avant l'expérience du 27 août, que nous venons de rapporter, et avait assisté en simple spectateur à cette mémorable ascension. Immédiatement il se mit à la construction de l'aérostat qui devait servir à la constatation du phénomène par l'Académie des sciences et à son illustration officielle à Versailles sous les yeux du roi Louis XVI.

C'est en ce moment, c'est-à-dire au commencement de septembre 1783, que furent construits ces petits ballons en peau de baudruche qui servent aujourd'hui de jouets d'enfants. Tout Paris s'amusa à répéter en petit le phénomène de la merveilleuse ascension. Le ciel de la capitale se vit tout à coup traversé d'une multitude de petits nuages roses formés par la main des hommes.

Faujas de Saint-Fond raconte qu'on essaya d'abord de faire des ballons en papier fin et léger; mais cette matière étant perméalable à l'air inflammable, personne ne put réussir à enlever des ballons de cette espèce. Il fallut donc chercher une matière moins poreuse et plus légère encore, s'il était possible ; et l'on y réussit.

Le *Journal de Paris*, du 11 septembre, apprit au public que M. le baron de Beaumanoir, « qui cultive avec autant de succès que de zèle les sciences et les beaux-arts, » devait faire partir un ballon de dix-huit pouces de diamètre. A midi de ce même jour, il fit cette expérience en présence d'une nombreuse assemblée, dans le jardin qui fait face à l'hôtel de Surgères, rue de la Ville-l'Evêque. Comme ledit M. de Beaumanoir voulait répéter l'expérience, il n'abandonna pas le ballon qui s'éleva très-bien, mais qui fut retenu par un fil de soie qui ne lui permit guère de monter au delà de cinquante pieds. A cinq heures du soir du même jour, ce petit globe fut rempli de nouvel air inflammable, et fut abandonné à lui-même. Les spectateurs eurent le plaisir de le voir s'élever à une très-grande hauteur; il disparut ensuite en prenant la route de Neuilly, et l'on assure qu'il fut retrouvé à plusieurs lieues par des paysans.

Quoique cette expérience pût être regardée en rigueur comme un objet de pure curiosité, elle ne laissa pas que d'intéresser les personnes qui se proposaient de faire des recherches pratiques sur les gaz. Celle-ci nous donnait un fait de plus et une application en petit, qui pouvait servir d'échelle et d'objet de comparaison.

La matière qu'employa le baron de Beaumanoir était une substance animale, connue dans l'art du batteur d'or sous le nom de *Peau de baudruche* [1].

[1] Croirait-on que deux siècles auparavant, Jules-César Scaliger

La *baudruche* n'est que la pellicule intérieure qui tapisse le gros boyau du bœuf : on détache cette légère enveloppe qu'on étend toute fraîche sur des planches, pour avoir la facilité d'enlever avec délicatesse les parties grasses et filandreuses qui la rendraient inégale ; on la laisse sécher en cet état et on lui donne d'autres préparations pour l'adoucir et la rendre propre au genre d'emploi auquel on la destine.

Bientôt les ballons aérostatiques en peau de baudruche devinrent à la mode, et il ne se passa pas de jour que l'on n'en enlevât plusieurs, soit à la ville, soit à la campagne[1].

proposait, pour imiter la colombe volante d'Architas, de faire usage d'une enveloppe de la même peau des batteurs d'or? Scaliger, *De subtilitate, etc.*, 326.

[1] La fabrication des ballons en baudruche est facile. Les boyaudiers vendent cette peau pour l'usage des batteurs d'or, et la mettent sous forme de petites baguettes. Pour pouvoir l'employer, il faut la faire tremper douze à quinze heures dans l'eau tiède, ce qui permet de la développer facilement. Pendant ce temps, on prépare un moule, qui peut être en bois ou en plâtre, et auquel on peut donner des dimensions beaucoup plus considérables. Ce moule doit avoir la forme et les dimensions de la moitié du ballon qu'on veut fabriquer. C'est donc ordinairement une demi-sphère.

Lorsque la baudruche est suffisamment détrempée, on en développe un morceau, que l'on applique bien exactement sur la surface du moule, en commençant par le sommet ; on enlève avec précaution, au moyen d'une petite pince ou d'un grattoir, les rebords ou les inégalités qui pourraient s'y trouver. On applique ensuite une seconde baudruche recouvrant la moitié de la première, et ainsi de suite, en faisant en sorte qu'il n'y ait partout que deux épaisseurs, et que la baudruche précédente ne soit pas desséchée lorsqu'on applique la seconde dessus, parce que leur collage résulte de leur humidité. Lorsque tout l'hémisphère est recouvert, on en lie le bas avec un ruban, et on laisse sécher pendant quelques heures, en ayant la précaution de maintenir humide le bord inférieur de la baudruche au-dessous du ruban. On graisse alors toute la superficie de la baudruche, comme on l'avait fait pour le moule lui-même, et l'on rabat, par-dessus le ruban, le bord que l'on a maintenu humide, et à partir duquel on exécute la seconde moitié du ballon, en remontant alors, vers le sommet du moule, où l'on place un petit cylindre ; celui-ci sert à former l'embouchure du ballon,

Pendant ce temps-là, Étienne Montgolfier s'occupait de construire aux frais de l'Académie des sciences un ballon de 70 pieds de hauteur sur 40 de diamètre pour renouveler l'expérience d'Annonay. Il s'établit dans les immenses et magnifiques (si nous en jugeons par les estampes) jardins de son ami Reveillon, propriétaire de la manufacture royale de papiers peints, rue de Montreuil, faubourg Saint-Antoine. Cet homme, dont la mort devait quelques années après marquer si tristement les premiers jours de la Révolution française, mérite par son dévouement à la nouvelle découverte, la reconnaissance des amis des sciences.

L'aérostat que Montgolfier faisait construire avait une forme assez bizarre : la partie majeure représentait un prisme haut de huit mètres, le sommet une pyramide de la même hauteur, la partie inférieure un

qu'on a soin de renforcer en cet endroit de trois ou quatre épaisseurs de baudruche. Après avoir laissé sécher quelques heures, on enlève le ballon du moule, d'où il se détache facilement ; puis, soufflant dans l'embouchure, on gonfle le tout, et l'on passe, au moyen d'une éponge fine, une couche légère de vernis gras sur la surface extérieure; lorsque ce vernis est sec, on dégonfle le ballon, on le retourne comme un bas, par le moyen de son embouchure ; on le gonfle de nouveau, l'on vernit de même la seconde surface, et le ballon est prêt.

Un ballon de trois pieds de diamètre ne doit peser, tout verni, que deux onces et demie. Si on le remplit de gaz hydrogène bien pur, il peut enlever un poids de six à sept onces.

Pour obtenir ce gaz, il suffit de mettre dans un flacon de l'acide sulfurique avec deux fois autant d'eau, en ayant soin de ne verser l'acide que peu à peu dans l'eau (car la chaleur qui se développe alors pourrait faire éclater le vase) ; puis de jeter dans ce mélange du zinc en grains. On bouche le flacon avec un bouchon traversé par un tube de verre dont l'extrémité recourbée plonge dans un vase plein d'eau. L'hydrogène qui se dégage du flacon se lave dans cette eau et est reçu dans une cloche renversée, plongée elle-même dans le liquide, et au sommet de laquelle est placé un tube qui s'engage dans l'embouchure du ballon, qu'on a eu soin de bien presser pour en faire sortir l'air. C'est par ce tube que le ballon reçoit l'hydrogène dont il doit être gonflé.

cône tronqué de 6 mètres. Il était fait de toile d'emballage doublée d'un fort papier intérieurement et extérieurement. Chacune de ses parties était composée de 24 branches ou méridiens réunis et cousus ensemble.

Reprenons le récit de Faujas de Saint-Fond.

« La machine était peinte en bleu d'azur, et représentait une espèce de tente avec son pavillon et ses ornements en couleur d'or. Sa longueur totale était de 70 pieds, et son poids de 1,000 livres. L'air qu'elle déplaçait pouvait être évalué à environ 4,500 livres, et la vapeur dont elle devait être remplie, étant une fois plus légère que l'air commun, ne pesait que 2,250 livres : il y avait donc un excès de légèreté de 1,250 livres ; la machine pouvait donc enlever un poids de cette force.

« L'approche de l'équinoxe ayant amené les pluies d'automne, les opérations relatives à cette expérience furent sans cesse contrariées. La machine était d'un si grand volume qu'il était impossible de l'assembler et de la coudre autre part qu'en plein air et dans le jardin spacieux où elle devait être établie. C'était un très-grand embarras que de ployer chaque fois une enveloppe si lourde, et que les forts papiers dont elle était couverte rendaient cassante ; aussi fallait-il ordinairement au moins vingt hommes pour la remuer, et ils étaient obligés d'user d'adresse et de précaution pour ne rien détruire. Jamais machine n'a donné autant d'inquiétude ni d'embarras.

« Cette machine aurait pu sans doute être construite d'une manière plus solide et moins sujette à être endommagée. L'Académie royale des sciences avait offert de payer les frais de cette machine sans les limiter, et cela suffisait pour que l'auteur cherchât les moyens les plus économiques de diminuer la dépense.

« Le 11 du mois de septembre, le temps paraissait se disposer au beau; la machine étant entièrement finie, fut mise en place et disposée pour faire les premières expériences. L'on en fit le soir même l'essai; l'on vit avec admiration cette belle machine se remplir en neuf minutes, se redresser sur elle-même, se tendre dans tous les points, et prendre la plus belle forme. Huit hommes qui la retenaient furent soulevés à plusieurs pieds, et elle se serait enlevée à une grande hauteur, si on ne lui avait pas opposé de nouvelles forces.

« Les commissaires de l'Académie des sciences furent invités à assister le lendemain, à l'expérience qui leur était consacrée,

« Des nuages épais se disposaient à couvrir l'horizon, et l'on était menacé d'orage. Cependant, l'on craignait qu'en différant encore, l'expérience fût rejetée trop loin; tout l'appareil était en état, il eût fallu du temps pour le démonter : l'on se décida donc à remplir le ballon.

« Cinquante livres de paille sèche qu'on alluma par paquets et sur lesquels on jeta à diverses reprises une dizaine de livres de laine hachée, produisirent en dix minutes une vapeur si expansive et douée d'ue telle force que la machine, malgré sa pesanteur, quoique déprimée et repliée sur elle-même, se redressa graduellement et comme par ondulation : son volume et sa capacité étonnèrent les spectateurs, et lorsqu'elle se fut développée en entier et qu'elle tendit à s'enlever, la surprise et l'admiration redoublèrent.

« La machine perdit terre, et se soutint à plusieurs pieds avec une charge de 500 livres. Si l'on eût coupé dans ce moment les cordes qui la retenaient, elle allait s'enlever à une très-grande hauteur. La pluie survint subitement; alors le vent souffla avec impétuosité; le s'enlever à une très-grande hauteur. La pluie survint subitement; alors le vent souffla avec impétuosité; le plus sûr moyen de sauver la machine, était de la laisser partir. Mais, comme elle était destinée à des expériences qui devaient avoir lieu à Versailles, on voulut ne pas l'abandonner, et les efforts qu'on fit pour l'obliger à descendre, joints à des coups de vent furieux et à la pluie qui l'inondait, la déchirèrent en plusieurs endroits. Comme l'orage redoubla et se soutint longtemps, il fut absolument impossible de la manœuvrer en cet état. Elle endura la pluie pendant plus de 24 heures; les papiers se décollèrent et tombèrent en lambeaux; le canevas fut mis à découvert, et cette belle et superbe machine, qui avait coûté tant de soins, fut détruite en très-peu de temps. »

CHAPITRE VII

**Quatrième expérience
(Versailles, 19 septembre 1783, en présence
du roi Louis XVI).**

L'aérostat mis en pièces par le vent et la pluie dans le jardin du faubourg Saint-Antoine, ne pouvait plus servir pour l'expérience de Versailles. Le roi Louis XVI avait demandé une ascension pour le 19. Déjà on parlait de la possibilité d'enlever un homme et des appareils, et l'on voyait en perspective de splendides voyages aériens. Mais le roi avait imposé silence. Il objectait que la nouveauté des aérostats n'était pas une condition suffisante de sécurité, et craignait pour la vie de celui de ses sujets qui oserait ainsi tenter l'inconnu. Il défendit donc d'abord avec la plus grande rigueur toute tentative de voyage. Il permit seulement que l'on essayât sur quelques animaux suspendus au ballon dans une cage d'osier.

Les Montgolfier se remirent à l'œuvre pour la construction d'un nouvel aérostat. Cinq jours seulement leur restaient. Aidés de quelques amis, ils travaillèrent avec tant d'empressement et d'ardeur, qu'ils parvinrent, pour la date fixée, à présenter un magnifique aérostat sphérique, beaucoup plus solide que le premier, construit d'une bonne et forte toile de coton, et peint en détrempe.

C'est ici le lieu de remarquer que les premiers aérostats étaient vraiment d'une élégance surprenante et d'une richesse bien supérieure à ceux qu'on a construits depuis. Les estampes coloriées du temps et les gravures en taille-douce nous en offrent de magnifiques spécimens. Tantôt le ciel mythologique était descendu sur le navire aérien, tantôt les hauts faits de l'histoire s'y trouvaient reproduits, tantôt de riches broderies y dessinaient les tentes et les loges royales, couronnées d'écussons et de chiffres entrelacés. On peut critiquer ce luxe comme inutile et proclamer qu'il est plus important de s'attacher à la sécurité d'un ballon qu'à sa décoration; mais tant que ledit luxe n'est pas *effréné*, il est permis de l'assortir à la solidité des formes.

Le ballon de Versailles était bleu, avec des ornements d'or, et présentait l'image d'une tente richement décorée. Il mesurait 57 pieds de hauteur sur 41 de diamètre.

La veille de l'expérience, la *machine*, comme on l'appelait, fut essayée à Paris, et elle réussit à souhait. Dès le matin du 19, elle fut transportée à Versailles, où les préparatifs pour la recevoir avaient été faits d'avance.

Dans la grande cour du château était un théâtre octogone. Cette espèce d'échafaud, lisons-nous dans le récit de Faujas de Saint-Fond, recouvert et entouré de toiles de toutes parts, avait dans le milieu une ouverture de plus de quinze pieds de diamètre, autour de laquelle on pouvait circuler au moyen d'une banquette destinée à ceux qui faisaient le service de la machine. Une garde nombreuse décrivait une double enceinte autour de ce vaste théâtre.

Le dessous de l'échafaud était consacré aux opérations propres à produire la vapeur. C'était sous la grande ouverture, recouverte par le dôme de la machine, que devait se faire ce travail. Au milieu et à terre était un réchaud de fer à claire voie, de quatre pieds de hauteur sur trois de diamètre, fait pour recevoir les matières combustibles. Un entourage en forte toile peinte et de forme circulaire, adhérant à la base du ballon et descendant par le trou jusque sur le pavé, pouvait être considéré comme un vaste entonnoir, comme une espèce de cheminée destinée à contenir les vapeurs et à les conduire dans l'intérieur de la machine, de sorte que les personnes qui devaient diriger le feu se trouvaient placées par ce moyen sous le ballon même; elles avaient à leur portée des provisions de paille et de laine hachée pour produire la vapeur, ainsi qu'une cage d'osier avec un mouton, un coq et un canard, et tous les autres agrès nécessaires pour l'expérience.

A dix heures du matin, la route de Paris à Versailles était couverte de voitures; l'on arrivait en foule de toutes parts, et à midi les avenues, les cours du château, les fenêtres et même les combles étaient garnis de spectateurs. Tout ce qu'il y a de plus grand, de plus illustre et de plus savant dans la nation semblait s'être réuni comme de concert pour rendre un hommage solennel aux sciences, sous les yeux de l'auguste cour.

Ce fut dans ce moment et au milieu de ce concours immense de citoyens de tout état, que Leurs Majestés et la famille royale daignèrent se transporter dans l'enceinte, et voulurent bien pénétrer jusque sous la machine même, pour en examiner les détails et se faire rendre un compte exact de tous les préparatifs de cette belle expérience.

A une heure moins quatre minutes, le bruit d'une boîte annonce qu'on va remplir la machine; on la voit presque aussitôt s'élever, se gonfler et déployer avec

Expérience du 19 septembre 1783, à Versailles.

rapidité les plis et replis dont elle est composée; elle se développe en entier, sa forme plaît à l'œil, sa capacité imposante étonne : elle atteint déjà jusqu'au plus haut des mâts. Une autre boîte avertit qu'elle est prête à partir, et à la troisième décharge les cordes sont coupées et la machine s'élève pompeusement dans l'air, entraînant avec elle l'attirail dans lequel étaient renfermés un mouton et des volatiles.

La machine s'éleva d'abord à une grande hauteur en décrivant une ligne inclinée à l'horizon, que le vent du sud la força de prendre; elle parut rester ensuite quelques secondes en station, et produisit alors le plus bel effet. Enfin, elle descendit lentement dans le bois de Vaucresson, à 1,700 toises du point d'où elle avait été enlevée[1].

Il paraît que dès cette époque certains journalistes peu scrupuleux ne craignaient pas de jeter le blâme sur ces expériences et de raconter des faits à tort et à travers sans s'occuper de leur exactitude. Entre autres, ils déclarèrent que le coq s'était brisé la tête. Faujas

[1] L'on ne resta que onze minutes pour la remplir, et elle se soutint huit minutes en l'air.

Dans l'expérience d'Annonay, le ballon s'était élevé à une plus grande hauteur, au moins à 1,000 toises, cependant il n'était pas, à beaucoup près, d'une construction aussi régulière : une cause s'opposa à l'ascension de celui de Versailles. Deux déchirures de 7 pieds d'ouverture sur son sommet et dans la partie où les toiles avaient été cousues dans un mauvais sens furent occasionnées par un coup de vent qui obligea à tirer toutes les cordes dans le même sens. A mesure que la vapeur se dissipait, le ballon descendait lentement du côté du bois de *Vaucresson*, et d'une manière si tranquille, que l'on comprit alors que, s'il eût porté des hommes, ils n'auraient couru aucun danger.

Faujas se rendit aussitôt sur les lieux avec l'abbé d'Espagnac, le chevalier de Lorimier, Brongniart, etc. Pilâtre des Roziers les précédait de quelques pas. Ils virent le ballon sur la partie du bois de *Vaucresson*, nommé le *Carrefour-Maréchal*, où il s'était développé sur la pelouse; un seul de ses côtés portait sur un petit chêne, dont il faisait à peine ployer les branches.

de Saint-Fond leur faisait dès lors les mêmes reproches qu'ils s'attirent aujourd'hui. « Il est fâcheux de voir, dit-il, les papiers publics annoncer ainsi des faits sans preuve, et qui dans des cas pareils devraient être toujours garantis par la signature de ceux qui les envoient. L'on a aussi assuré dans plusieurs gazettes et journaux, que la machine de M. de Montgolfier avait été remplie avec de l'air inflammable, tandis que les procédés qu'on a employés ont consisté simplement à faire usage de paille sèche allumée et de quelques livres de laine hachée.

« Tout ce qui a été dit jusqu'à présent sur le point de son élévation et sur l'espace qu'elle a parcouru n'est pas plus exact. La vraie distance, selon la carte de l'Académie, du point de départ au bois de *Vaucresson*, *carrefour Maréchal*, est de 1,700 toises. Quant à la hauteur, deux habiles astronomes s'en sont occupés, en se plaçant à l'Observatoire de Paris. M. Le Gentil a fixé cette hauteur à 280 toises au-dessus du second étage de l'Observatoire royal, et M. Jeaurat, à 293 au-dessus du rez-de-chaussée du même Observatoire. »

CHAPITRE VIII

Expériences faites pour l'essai de voyages aérostatiques.

L'esprit humain n'est pas accoutumé à s'arrêter sur le chemin de la solution d'un problème, et ce n'est pas lorsqu'il se croit près d'atteindre le but qu'il consent à se reposer. La cage d'osier de Versailles se transformait devant les yeux de l'ardeur française en un char aérien, et les *Mille et une Nuits* déroulaient leurs visions dans l'espace. Les poëtes rêvaient. Les mathématiciens calculaient. Pourquoi l'homme ne tenterait-il pas lui-même le voyage?

On se mit alors à faire de nouveaux essais, dirigés maintenant dans le but de reconnaître si l'ascension d'un homme était réellement impossible ou désespérément dangereuse. Montgolfier revint de Versailles chez Reveillon et construisit avec soin une nouvelle machine dans les jardins du faubourg Saint-Antoine. Elle fut entièrement terminée le 10 du mois d'octobre, selon notre cicerone Faujas de Saint-Fond. Sa forme était ovale, sa hauteur de 70 pieds, son diamètre de 46, et sa capacité de 60,000 pieds cubes; la partie supérieure, entourée de fleurs de lis, était ornée des douze signes du zodiaque en couleur d'or; le milieu portait les chiffres du roi, entremêlés de soleils, et le bas était garni de mascarons, de guirlandes et d'aigles déployés, qui paraissaient supporter en volant cette superbe sphère à fond d'azur.

Une galerie circulaire, construite en osier et revêtue de toiles, sur lesquelles on avait peint des draperies et d'autres ornements, était attachée par une multitude de cordes au bas de la machine; elle avait environ 3 pieds de largeur; il y régnait de droite et de gauche une balustrade de 3 pieds 1/2 de hauteur. Cette galerie ne gênait ni n'interrompait en aucune manière l'ouverture, d'environ 15 pieds de diamètre, qui était au bas de la machine; elle lui servait, au contraire, de prolongement, et c'était au milieu de cette ouverture qu'on avait placé un réchaud en fil de fer suspendu par des chaînes, au moyen duquel les personnes qui étaient dans cette galerie avec des approvisionnements de paille avaient la facilité de développer du gaz à volonté.

Cette machine pesait au moins 1,600 livres.

L'on avait eu soin d'avertir le public, dans le *Journal de Paris* du 11 octobre, que les expériences qu'on se proposait de faire regardaient essentiellement les savants, et que plus elles pouvaient être intéressantes pour la physique, moins elles devaient amuser les personnes que la simple curiosité y attirerait.

Cette précaution avait paru nécessaire pour se soustraire à l'empressement général, avant qu'on eût pu obtenir quelques résultats satisfaisants. Il était prudent et utile, dans une occasion pareille, de procéder tranquillement et sans trouble, avec des gens exercés dans l'art des expériences, car celles-ci devaient naturellement présenter des difficultés. L'on sait que lorsqu'on n'est point gêné par l'inquiétude du succès, qui dépend souvent de la plus légère circonstance, l'on travaille avec bien plus de confiance; chacun aide de ses conseils, et tout le monde étant coopérateur, l'intérêt devient général, et loin de porter alors un œil critique sur les opérations, l'on met une espèce d'amour-propre à les voir réussir.

Mais dès qu'on sut qu'il était question d'expériences, l'on accourut de toutes parts; et comme l'on ne put d'abord refuser l'entrée à des personnes de haute considération qui se présentèrent, beaucoup d'autres mirent en œuvre bien des moyens pour être admises ; et des essais, qu'on avait résolu de ne faire qu'en comité devinrent presque sur-le-champ des expériences solennelles.

Le mercredi 15 octobre, Pilâtre des Roziers, qui, disait Faujas, a donné dans plusieurs occasions des preuves de l'intelligence et du courage qu'il porte dans des expériences hardies, où il n'a pas craint souvent d'exposer sa vie, ayant déjà fait quelques essais terre à terre avec la machine aérostatique, désira ardemment qu'on l'enlevât s'il était possible à une grande hauteur : il se plaça, pour cet objet, dans la galerie. La machine fut gonflée, elle partit en conservant le plus parfait équilibre, et s'éleva jusqu'à la longueur des cordes qu'on y avait attachées pour la retenir, c'est-à-dire jusqu'à 80 pieds de hauteur, et elle y resta en station pendant 4 minutes 25 secondes, sans que l'aéronaute éprouvât la plus légère incommodité.

Ce qu'il y eut de très-intéressant dans cette expérience, c'est que l'on fut rassuré sur un point qui avait paru inquiéter généralement tout le monde, c'est-à-dire, sur la manière dont la machine tomberait lorsque le gaz s'affaiblirait; mais l'on vit clairement qu'au lieu de tomber, elle descendait avec lenteur, étant toujours tendue, et qu'après avoir touché terre, elle partait de nouveau et s'élevait encore à une certaine hauteur, lorsque la personne qui était dedans, l'allégeait en sortant de la galerie.

Le vendredi, 17, on répéta les mêmes expériences ; l'empressement de les voir fut tel, que l'affluence du monde était extrême ; il était difficile de réunir une plus brillante assemblée. Mais un vent contraire qui s'éleva nuisit au succès de ces expériences, et quoique Pilâtre des Roziers fût enlevé à peu près à la même hauteur que le mercredi, la machine, fatiguée par le vent et par la résistance des cordes qui la retenaient, se soutint moins bien, et ne produisit pas un si bel effet que dans l'expérience précédente, et c'est alors qu'on sentit très-bien qu'il eût été à désirer qu'on se fût refusé à l'empressement du public, car il arrive souvent qu'une expérience vue par des personnes qui y assistent plutôt par objet de curiosité que par mode d'instruction, nuit quelquefois aux progrès d'une découverte, parce que le public ne calcule jamais les peines et les soins de toute espèce qu'elle peut avoir coûtés à celui qui en est l'auteur. Le dimanche suivant, Montgolfier choisit un beau temps pour faire les nouvelles expériences que voici.

Première expérience. Le 19 octobre, à quatre heures et demie et en présence de plus de deux mille personnes, la machine, dont on avait diminué la galerie, fut remplie de gaz en cinq minutes, et P. des Roziers étant placé dans la galerie avec un poids de cent livres dans la partie opposée pour faire équilibre, fut enlevé à la hauteur de deux cents pieds : la machine se soutint six minutes à cette élévation sans feu dans le réchaud.

Deuxième expérience. La machine portant Pilâtre des Roziers avec le contre-poids de cent livres, le feu étant dans le réchaud, fut enlevée à deux cent cinquante pieds de hauteur, où elle resta en station pendant huit minutes et demie ; comme on la retirait, un vent d'est la porta sur une touffe de très-grands arbres dans un ardin voisin où elle s'embarrassa sans perdre l'équilibre ; l'on renouvela le gaz et elle se retira elle-même de ce mauvais pas, en s'élevant pompeusement dans l'air au bruit des acclamations publiques. Cette seconde expérience fut très-instructive ; l'on n'avait pas manqué de dire que si jamais une telle machine tombait sur une forêt, elle serait détruite, et ferait courir les plus grands dangers à ceux qui seraient dedans. Cet exemple prouve que la machine ne *tombe* pas, mais qu'elle *descend;* qu'elle ne se renverse pas ; qu'elle ne se détruit pas sur les arbres ; qu'elle ne fait périr ni souffrir les voyageurs qu'elle porte ; qu'au contraire ces derniers, en produisant du nouveau gaz, lui donnent les moyens de se tirer d'embarras, et qu'elle peut reprendre sa route malgré un événement pareil.

L'intrépide des Roziers donna encore un exemple de la facilité qu'il y a de descendre et de remonter à volonté ; car la machine étant parvenue à plus de 200 pieds, elle descendit lentement ; et comme elle approchait de terre, le premier aéronaute produisit très-adroitement et très à propos du gaz, et repartit subitement pour regagner sa première place.

Troisième expérience. La machine partit encore avec des Roziers, accompagné, cette fois, de *Giroud de Villette*, et comme l'on avait allongé les cordes, elle s'éleva jusqu'à la hauteur de 324 pieds et elle y resta dans le plus parfait équilibre pendant neuf minutes ; c'était un spectacle bien extraordinaire que celui de voir, pour la première fois, des hommes portés à cette élévation, et s'y soutenir sans danger et sans inquiétude.

La machine était d'un superbe effet à cette hauteur ; elle dominait sur Paris, et elle était vue de tous les environs ; sa grandeur ne paraissait pas avoir diminué aux yeux des spectateurs placés dans le lieu où se faisait l'expérience ; mais les hommes étaient à peine visibles : l'on distinguait avec des lunettes P. des Roziers occupé à produire du gaz avec autant d'intelligence que d'ardeur.

Lorsque la machine fut redescendue, les expérimenteurs assurèrent qu'ils n'avaient pas éprouvé la plus légère incommodité ; ils reçurent les justes applaudissements que leur zèle et leur courage leur avaient mérités. Le *marquis d'Arlandes*, major d'infanterie, prit ensuite la place de *Giroud de Villette*, et fut enlevé avec Pilâtre des Roziers. Cette dernière expérience eut le même succès que la précédente.

« Voilà donc des faits à l'abri de toute critique, s'écriait-on unanimement, qui prouvent que des hommes peuvent être enlevés à une assez grande hauteur, sans danger, par un moyen inconnu jusqu'alors, et qui constatent les succès progressifs des expériences faites par Montgolfier : c'est là sans doute la meilleure réponse qu'on puisse faire aux détracteurs de cette étonnante machine, dont la perfection sera peut-être portée au delà de nos espérances, si quelque jour des souverains veulent s'en occuper beaucoup plus en grand, et surtout s'ils mettent de la constance dans leurs recherches, et s'ils ne se laissent pas rebuter par les difficultés qu'il faudra vaincre avant de parvenir à la manœuvrer à volonté. Il faut faire attention surtout qu'il y a bien moins loin de la machine aérostatique actuelle qui porte dans ce moment des hommes, à une machine qui en porterait un grand nombre, qu'il y en a du simple canot d'un sauvage à un vaisseau de cent pièces de canon qui se joue de l'effort des vagues et qui peut traverser impunément les mers en voyageant d'un pôle à l'autre... »

Quelques jours après ces expériences, les rédacteurs du *Journal de Paris*, qui les avaient rapportées, reçurent une lettre de Montgolfier et une de Giroud de Villette, le second voyageur aérien. Celle de Montgoltier a rapport à l'action du vent sur l'expérience de la veille et n'offre pas d'intérêt général ; la seconde nous présente quelques passages utiles à signaler :

« Je me suis trouvé, dit-il, presque dans l'intervalle d'un quart de minute, élevé de 400 pieds de terre, suivant le rapport qu'on m'en a fait ; nous restâmes dans cette position dix minutes. Mon premier soin, messieurs, fut d'admirer, à la faveur d'un trou large de quatre pouces, le physicien intelligent que j'avais l'honneur d'accompagner ; son courage, son agilité, ses talents à bien manœuvrer et conduire son feu m'enchantèrent. En me retournant, je distinguai les boulevards depuis la porte Saint-Antoine jusqu'à celle Saint-Martin, tout couverts de monde, qui me paraissaient former une plate bande allongée de fleurs variées. La rue Saint-Antoine, les jardins qui nous environnaient me représentaient la même chose ; ensuite voulant m'occuper du sujet qui m'avait engagé à faire ce voyage, je promenai ma vue dans le lointain ; d'abord je vis la butte Montmartre, qui me semblait être de moitié plus basse que notre niveau ; je découvris facilement Neuilly, Saint-Cloud, Sèvres, Issy, Ivry, Charenton, Choisy, et peut-être Corbeil que le léger brouillard m'a empêché de distinguer ; dès l'instant, je fus convaincu que cette machine peu dispendieuse serait très-utile dans une armée pour découvrir la position de celle de son ennemi, ses manœuvres, ses marches, ses dispositions, et les annoncer par des signaux aux troupes alliées de la machine. Je crois qu'en mer, il est également possible, avec des précautions, de se servir de cette machine. Voilà, messieurs, une utilité incontestable, que le temps nous perfectionnera ; tout mon regret est de n'avoir pas pensé à me munir d'une lunette d'approche. »

CHAPITRE IX

Le premier voyage aérien.

Ces nombreuses et ardentes expériences n'avaient d'autre but que d'appliquer la découverte de Montgolfier à la grande conquête, à la navigation aérienne. Les recherches du faubourg Saint-Antoine ayant donné aux futurs aéronautes les résultats les plus satisfaisants, il fut résolu que l'on tenterait un premier voyage aérien.

« S'il existait, dit Linguet (*Annales politiques du dix-huitième siècle*), s'il existait du premier voyage de Christophe Colomb un journal de la main de cet intrépide navigateur, avec quel respect il serait conservé ; avec quelle confiance il serait cité ; comme on aimerait à le suivre dans le compte ingénu qu'il rendrait de ses pensées, de ses espérances, de ses craintes, des murmures de ses équipages, de ses tentatives pour les calmer, et enfin, de sa joie au moment qui, dégageant sa parole et justifiant son audace, le déclara le créateur en quelque sorte d'un nouveau monde. Tous ces détails nous ont été transmis, mais par des mains étrangères ; quelque intéressants qu'ils soient encore, on ne peut se dissimuler que cette circonstance leur fait perdre quelque chose de leur prix. »

Cette relation du premier voyage aérien, écrite de

la main de l'un des deux premiers aéronautes, existe, et nous pouvons l'offrir à nos lecteurs.

Une entreprise aussi nouvelle demandait certes un grand courage chez celui qui osait le premier se confier aux courants inconnus de l'atmosphère. Elle offrait des dangers pour lui, la mort peut-être, par une chute, par le feu, par le froid, par un égarement dans la mystérieuse région des nuages. Elle offrait des dangers pour les campagnes au-dessus desquelles passerait le ballon chargé d'un réchaud et de paille. Aussi, deux hommes temporisaient et craignaient : Montgolfier et le roi. Après mûr examen, Louis XVI s'opposa même à l'expérience, et donna au lieutenant de police l'ordre d'empêcher le départ. Il permettait seulement que l'expérience fût tentée avec deux *condamnés* que l'on embarquerait dans la machine.

Pilâtre des Roziers s'indigne à cette proposition. « Eh quoi! de vils criminels auraient les premiers la gloire de s'élever dans les airs! Non, non, cela ne sera point! » Il conjure, il supplie; il s'agite de cent manières, il remue la ville et la cour; il s'adresse aux personnes le plus en faveur à Versailles, il s'empare de la duchesse de Polignac, gouvernante des enfants de France et toute-puissante sur l'esprit de Louis XVI. Celle-ci plaide chaleureusement sa cause auprès du roi. Le marquis d'Arlandes, gentilhomme du Languedoc, major dans un régiment d'infanterie, avait fait avec lui une ascension en ballon captif: Pilâtre le dépêche vers le roi. Le marquis d'Arlandes proteste que l'ascension ne présente aucun danger, et comme preuve de son affirmation, il offre d'accompagner Pilâtre dans son voyage aérien. Sollicité de tous les côtés, vaincu par tant d'insistances, Louis XVI se rendit.

Les jardins de la Muette, près Paris, furent le théâtre de ce premier voyage aérien, en présence du

Dauphin et de sa suite. Pilâtre des Roziers et le marquis d'Arlandes prirent pour la première fois congé de la terre le 21 octobre 1783, à une heure de l'après-midi.

La lettre que voici est surtout intéressante en ce qu'elle est le récit simple et presque minutieux du premier voyage tenté dans les airs par des hommes, et qu'elle peint parfaitement la liberté d'esprit et l'enjouement de caractère que les Français conservent dans les entreprises les plus périlleuses.

M. le marquis d'Arlandes à M. Faujas de Saint-Fond.

Paris, le 28 novembre 1783.

« Vous le voulez, mon cher Faujas, et je me rends d'autant plus volontiers à vos désirs que, par les questions que l'on m'adresse, par les propos invraisemblables que l'on fait tenir à M. Pilâtre et à moi, je sens qu'il est essentiel de fixer l'opinion publique sur les détails de notre voyage aérien.

« Je vais décrire le mieux que je pourrai *le premier voyage que des hommes aient tenté* à travers un élément qui, jusqu'à la découverte de MM. Montgolfier, semblait si peu fait pour les supporter.

« Nous sommes partis, le 21 octobre 1783, à une heure cinquante-quatre minutes. La situation de la machine était telle que M. Pilâtre des Roziers était à l'ouest et moi à l'est. Le vent était à peu près nord-ouest. La machine, dit le public, s'est élevée avec majesté; mais il me semble que peu de personnes se sont aperçues qu'au moment où elle a dépassé les charmilles elle a fait un demi-tour sur elle-même. Par ce changement, Pilâtre s'est trouvé en avant de notre direction, et moi, par conséquent, en arrière. Je crois qu'il est à remarquer que de ce moment jus-

Ballon du marquis d'Arlandes.

qu'à celui où nous sommes arrivés, nous avons conservé la même position par rapport à la ligne que nous avons parcourue.

« J'étais surpris du silence et du peu de mouvement que notre départ avait occasionné sur les spectateurs ; je crus qu'étonnés et peut-être effrayés de ce nouveau spectacle, ils avaient besoin d'être rassurés. Je saluai du bras avec assez peu de succès; mais ayant tiré mon mouchoir, je l'agitai, et je m'aperçus alors d'un grand mouvement dans le jardin de la Muette. Il m'a semblé que tous les spectateurs qui étaient épars dans cette enceinte se réunissaient en une seule masse, et que, par un mouvement involontaire, elle se portait, pour nous suivre, vers le mur, qu'elle semblait regarder comme le seul obstacle qui pût nous séparer.

« C'est dans ce moment que M. Pilâtre me dit : « Vous ne faites rien et nous ne montons guère. — Pardon, lui répondis-je. » Je mis une botte de paille, je remuai un peu le feu, et je me retournai bien vite : mais je ne pus retrouver la Muette. Étonné, je jette un regard sur le cours de la rivière, je la suis de l'œil; enfin j'aperçois le confluent de l'Oise. « Voilà donc Conflans! » Et, nommant les autres principaux coudes de la rivière par les noms des lieux les plus voisins, je dis : « Passy, Saint-Germain, Saint-Denis, Sèvres! Donc je suis encore à Passy ou à Chaillot. » En effet, je regardai par l'intérieur de la machine, et j'aperçus sous moi la Visitation de Chaillot. M. Pilâtre me dit dans ce moment : « Voilà la rivière et nous baissons. — Eh bien, mon cher ami, du feu! » Et nous travaillâmes. Mais au lieu de traverser la rivière, comme semblait l'indiquer notre direction, qui nous portait sur les Invalides, nous longeâmes l'île des Cygnes, rentrâmes sur le lit principal de la rivière, et nous la remontâmes jusqu'au-dessus de la barrière de la Conférence. Je dis à mon brave compagnon : « Voilà une rivière qui est bien difficile à traverser. — Je le crois bien, me répondit-il ; vous ne faites rien. — C'est que je ne suis pas si fort que vous, et que nous sommes bien. » Je remuai le réchaud, je saisis avec une fourche ma botte de paille, qui, sans doute trop serrée, prenait difficilement. Je la levai et la secouai au milieu des flammes. L'instant d'après, je me sentis comme soulevé par-dessous les aisselles, et je dis à mon cher compagnon : « Pour cette fois, nous montons. — Oui, nous montons, » répondit-il, sorti de l'intérieur, sans doute pour faire quelques observations. Dans cet instant, j'entendis, vers le haut de la machine, un bruit qui me fit craindre qu'elle n'eût crevé : je regardai, et je ne vis rien. Comme j'avais les yeux fixés au haut de la machine, j'éprouvai une secousse, et c'était la seule que j'eusse ressentie. La direction du mouvement était de haut en bas. Je dis alors : « Que faites-vous? Est-ce que vous dansez? — Je ne bouge pas. — Tant mieux, dis-je; c'est enfin un nouveau courant qui, j'espère, nous sortira de la rivière. » En effet, je me tourne pour voir où nous étions, et je me trouvai entre l'Ecole-Militaire et les Invalides, que nous avions dépassés d'environ 400 toises. M. Pilâtre me dit en même temps : « Nous sommes en plaine. — Oui, lui dis-je, nous cheminons. — Travaillons, me dit-il, travaillons. » J'entendis un nouveau bruit dans la machine, que je crus produit par la rupture d'une corde. Ce nouvel avertissement me fit examiner avec attention l'intérieur de notre habitation. Je vis que la partie qui était tournée vers le sud était remplie de trous ronds dont plusieurs étaient considérables. Je dis alors : « Il faut descendre. — Pourquoi? — Regardez, dis-je. » En même temps je pris mon éponge, j'éteignis aisément le peu de feu qui minait quelques-uns des trous que je pus atteindre; mais, m'étant aperçu qu'en appuyant pour essayer si le bas de la toile tenait bien au cercle qui l'entourait, elle s'en détachait très-facilement, je répétai à mon compagnon : « Il faut descendre. » Il regarda sous lui, et me dit : « Nous sommes sur Paris. — N'importe, lui dis-je. Mais, voyons, n'y a-t-il aucun danger pour nous : êtes-vous bien tenu? — Oui. » J'examinai de mon côté, et j'aperçus qu'il n'y avait rien à craindre. Je fis plus; je frappai de mon éponge les cordes qui étaient à ma portée. Toutes résistèrent. Il n'y eut que deux ficelles qui partirent. Je dis alors : « Nous pouvons traverser Paris. » Pendant cette opération, nous nous étions sensiblement approchés des toits; nous faisons du feu; et nous nous relevons avec la plus grande facilité. Je regarde sous moi, et je découvre parfaitement les Missions étrangères. Il me semblait que nous nous dirigions vers les tours de Saint-Sulpice, que je pouvais apercevoir par l'étendue du diamètre de notre ouverture. En nous relevant, un courant d'air nous fit quitter cette direction, pour nous porter vers le sud. Je vis sur ma gauche une espèce de bois, que je crus être le Luxembourg; nous traversons le boulevard, et je m'écrie, pour le coup : « Pied à terre! » Nous cessons le feu; l'intrépide Pilâtre, qui ne perd point la tête, et qui était en avant de notre direction, jugeant que nous donnions dans les moulins qui sont entre le Petit-Gentilly et le boulevard, m'avertit. Je jette une botte de paille, en la secouant pour l'enflammer plus vivement; nous nous relevons, et un nouveau courant nous porte un peu sur la gauche. Le brave des Roziers me dit encore : « Gare les moulins! » Mais mon coup d'œil fixé par le diamètre de l'ouverture me faisant juger plus sûrement de notre direction, je vis que nous ne pouvions pas les rencontrer, et je lui dis : « Arrivons. » L'instant d'après, je m'aperçus que je passais sur l'eau. Je crus que c'était encore la rivière; mais, arrivé à terre, j'ai reconnu que c'était l'étang. Nous nous sommes posés sur la butte aux Cailles, entre le moulin des Merveilles et le moulin Vieux, environ à 50 toises de l'un et de l'autre. Au moment où nous étions près de terre, je me soulevai sur la galerie en y appuyant les deux mains; je sentis le haut de la machine presser faiblement ma tête; je la repoussai et sautai hors de la galerie. En me retournant vers la machine, je crus la trouver pleine; mais quel fut mon étonnement! elle était parfaitement vide et totalement aplatie. Je ne vois point M. Pilâtre; je cours de son côté pour l'aider à se débarrasser de l'amas de toile qui le couvrait; mais, avant d'avoir tourné la machine, je l'aperçus sortant de dessous en chemise, attendu qu'avant de descendre il avait quitté sa redingote et l'avait mise dans son panier. Nous étions seuls, et pas assez forts pour renverser la galerie et retirer la paille qui était enflammée. Il s'agissait d'empêcher qu'elle ne mît le feu à la machine. Nous crûmes alors que le seul moyen d'éviter cet inconvénient était de déchirer la toile. M. Pilâtre prit un côté, moi l'autre, et, en tirant violemment, nous découvrîmes le foyer. En secouant un des paniers, nous jetons le feu sur celui qui avait transporté mon compagnon; la paille qui y restait prend feu; le peuple accourt, se saisit de la redingote de M. Pilâtre et se la partage.

« Je souffrais de voir des Roziers en chemise, et craignant que sa santé n'en fût altérée, car nous étions très-échauffés en pliant la machine, j'exigeai de lui qu'il se retirât dans la première maison; le sergent de garde l'y escorta pour lui donner la facilité de passer la foule. Il rencontra sur son chemin mon-

Passage du ballon de d'Arlandes au-dessus de Paris.

seigneur le duc de Chartres, qui nous avait suivis, comme l'on voit, de très-près, car j'avais eu l'honneur de causer avec lui un moment avant notre départ; enfin, il nous arriva des voitures, il se faisait tard; M. Pilâtre n'ayant qu'une mauvaise redingote qu'on lui avait prêtée, ne voulut point venir à la Muette. Je partis seul, quoique avec le plus grand regret de quitter mon brave compagnon. »

Le premier voyage aérien fut donc accompli par Pilâtre des Roziers. Coïncidence curieuse, l'anagramme de son nom est celui-ci : tu seras le p...... roi de l'air.

On dressa alors le procès-verbal que voici. On remarquera parmi les signatures celle d'un observateur qui s'appelait Benjamin Franklin :

« Aujourd'hui 21 novembre 1783, au château de la Muette, on a procédé à une expérience de la machine aérostatique de M. de Montgolfier.

« Le ciel était couvert de nuages dans plusieurs parties, clair dans d'autres, le vent nord-ouest.

« A midi huit minutes on a tiré une boîte qui a servi de signal pour annoncer qu'on commençait à remplir la machine. En huit minutes, malgré le vent, elle a été développée dans tous les points et prête à partir, M. le marquis d'*Arlandes* et M. *Pilâtre des Roziers* étant dans la galerie.

« La première intention était de faire enlever la machine et de la retenir avec des cordes pour la mettre à l'épreuve, étudier les *poids* exacts qu'elle pouvait porter, et voir si tout était convenablement disposé pour l'expérience importante qu'on allait tenter.

« Mais la machine poussée par le vent, loin de s'élever verticalement, s'est dirigée sur une des allées du jardin, et les cordes qui la retenaient agissant avec trop de force ont occasionné plusieurs déchirures, dont une de plus de 6 pieds de longueur. La machine, ramenée sur l'estrade, a été réparée en moins de deux heures.

« Ayant été remplie de nouveau, elle est partie à une heure cinquante-quatre minutes, portant les mêmes personnes; on l'a vue s'élever de la manière la plus majestueuse, et lorsqu'elle fut parvenue à environ 250 pieds de hauteur, les intrépides voyageurs baissant leurs chapeaux, ont salué les spectateurs. On n'a pu s'empêcher d'éprouver alors un sentiment mêlé de crainte et d'admiration.

« Bientôt les navigateurs aériens ont été perdus de vue, mais la machine planant sur l'horizon et étalant sa plus belle forme, a monté au moins de 3,000 pieds de hauteur, où elle est toujours restée visible. Elle a traversé la Seine au-dessous de la barrière de la Conférence, et passant de là entre l'École-Militaire et l'Hôtel des Invalides, elle a été à portée d'être vue de tout Paris.

« Les voyageurs, satisfaits de cette expérience, et ne voulant pas faire une plus longue course, se sont concertés pour descendre, mais s'apercevant que le vent les portait sur les maisons de la rue de Sèvres, faubourg Saint-Germain, ils ont conservé leur sang-froid, et développant du gaz, ils se sont élevés de nouveau et ont continué leur route en l'air jusqu'à ce qu'ils aient eu repassé Paris.

« Ils sont descendus alors tranquillement dans la campagne, au delà du nouveau boulevard, vis-à-vis le moulin de *Croulebarbe,* sans avoir éprouvé la plus légère incommodité, ayant encore dans leur galerie les deux tiers de leur approvisionnement; ils pouvaient donc, s'ils eussent désiré, franchir un espace triple à celui qu'ils ont parcouru. Leur route a été de 4 à

5,000 toises, et le temps qu'ils y ont employé de vingt à vingt-cinq minutes.

« Cette machine avait 70 pieds de hauteur, 46 de diamètre : elle contenait 60,000 pieds cubes, et le poids qu'elle a enlevé était d'environ 16 à 1,800 livres.

« Fait au château de la Muette, à cinq heures du soir. Signé : le duc *de Polignac*, le duc *de Guines*, le comte *de Polastron*, le comte *de Vaudreuil d'Hunaud*, *Benjamin Franklin*, *Faujas de Saint-Fond*, *Delisle*, *Leroy*, de l'Académie des sciences. »

On rapporte que Franklin, plus illustre dans son humilité que les plus brillants d'entre les seigneurs de la cour, consulté sur l'utilité dont pouvaient être les machines aérostatiques, répondit simplement par ces paroles : « C'est l'enfant qui vient de naître? »

CHAPITRE X

Le second voyage aérien (1er décembre 1783).
Charles et Robert aux Tuileries.

La première ascension de Pilâtre des Roziers et du marquis d'Arlandes était un trait d'audace inouï et unique jusqu'à ce jour. Leur courage était, pour ainsi dire, leur seule garantie ; à la merci de la montgolfière, ils avaient accompli l'une des entreprises les plus extraordinaires que l'homme eût jamais exécutées. La seconde ascension dont nous allons parler, offrait, au point de vue scientifique et artistique des conditions toutes différentes.

Dès le lendemain de leur expérience du Champ de Mars (27 août), le professeur Charles, déjà célèbre par ses cours du Louvre, par son cabinet de physique, par son rôle dans l'enseignement officiel, et les frères Robert, mécaniciens, s'étaient associés pour la construction d'un aérostat à gaz hydrogène, de 9 mètres de diamètre, destiné à enlever une nacelle et un ou deux voyageurs. C'est pour cette ascension que le professeur Charles créa immédiatement tout d'une pièce l'art de l'aérostation, qui n'a pas fait de progrès depuis : — la soupape qui donne issue au gaz hydrogène et détermine ainsi la descente lente et graduelle de l'aérostat ; — la nacelle où s'embarquent les voyageurs ;

— le filet qui supporte et soutient la nacelle ; — le lest qui règle l'ascension et modère la chute ; — l'enduit de caoutchouc appliqué sur le tissu du ballon, qui rend l'enveloppe imperméable et prévient la déperdition du gaz ; — enfin, l'usage du baromètre, qui sert à mesurer à chaque instant, par l'élévation ou la dépression du mercure, les hauteurs que l'aéronaute occupe dans l'atmosphère. Pour cette première ascension, Charles créa donc tous les moyens, tous les artifices, toutes les précautions ingénieuses qui composent l'art de l'aérostation.

Le 26 novembre, l'aérostat muni de son filet et de sa nacelle, fut sorti de la salle des Tuileries où on l'avait exposé et suspendu au milieu de la grande allée, en face du château. Le grand bassin, situé devant le pavillon de l'Horloge, reçut les vingt-cinq tonneaux destinés à la confection du gaz. L'ascension, fixée au 28, fut remise au lundi 1er décembre, par suite d'une explosion qui faillit tout compromettre. Et cette date du 1er décembre 1783 fut inscrite en lettres d'or dans l'histoire de Paris.

La journée se para pour cette grande fête. A midi, les souscripteurs qui avaient payé *quatre louis* leur banquette, prirent place dans l'enceinte réservée autour du bassin. Les souscripteurs vulgaires à 3 francs le billet, occupèrent le reste du jardin. Nous lisons au bas des nombreuses estampes qui reproduisaient ce spectacle sans pareil, le chiffre de 600,000. Les Tuileries sont, sans contredit, un fort beau et fort vaste jardin ; mais nous tenons pour exagéré le chiffre de ces spectateurs. C'eût été les trois quarts de la population entière de Paris. Parmi les estampes, nous en signalerons particulièrement une *aux amateurs de physique*, car elle leur est dédiée. C'est le coup d'œil du mur de la terrasse du bord de l'eau, le jour de l'ascension. Il est escaladé par un grand nombre de dames, qui n'ont d'autres préoccupations que de passer par-dessus. Les passants rient, s'interpellent; toute la foule est en joie; on ne se douterait pas qu'on est au mois de décembre.

Mais revenons au globe de Charles et Robert.

Les toits des maisons environnantes, les combles, les fenêtres, le Pont-Royal, la place Louis XV étaient couverts d'une foule immense. Vers midi, le bruit se répand que le roi s'oppose à l'ascension. Charles accourt chez le ministre de Breteuil, et lui représente que, si le roi est maître de sa vie, il n'est pas maître de son honneur. Une véritable promesse nationale est engagée. Le baron de Breteuil autorise. Mais déjà, deux partis se sont dessinés parmi les spectateurs : les partisans de Montgolfier, et ceux du professeur Charles. Ils cherchent tous les moyens de se combattre et de ternir mutuellement la gloire de leurs maîtres. Une épigramme contre Charles et Robert, les auteurs de la souscription, passe de main en main dans la foule inquiète :

> Profitez bien, messieurs, de la commune erreur,
> La recette est considérable.
> C'est un tour de Robert le Diable,
> Mais non pas de Richard sans peur.

Soudain, le bruit du canon se fait entendre : ce sont les pièces d'artillerie disposées sur la terrasse du bord de l'eau, qui annoncent les dernières manœuvres. Les doutes se dissipent. Charles, prêt à partir, s'approche gracieusement d'Étienne Montgolfier, et lui présente un petit ballon captif : « C'est à vous, monsieur, lui dit-il, qu'il appartient de nous montrer la route des cieux. » Le bon goût et la délicatesse de cette pensée trouvent un écho prolongé dans les applaudissements du public; le petit aérostat s'envole vers le nord-est, faisant resplendir au soleil sa brillante couleur d'émeraude.

Ecoutons maintenant la relation du professeur Charles lui-même, dont la simplicité reporte nos pensées vers un temps qui semble aujourd'hui séparé de nous par un abîme de plusieurs siècles.

« Le globe, échappé des mains de M. de Montgolfier, s'élança dans les airs, et sembla y porter le témoignage de notre réunion : les acclamations l'y suivaient. Pendant ce temps, nous préparions à la hâte notre fuite; les circonstances orageuses qui nous pressaient nous empêchèrent de mettre à nos dispositions toute la précision que nous nous étions proposée la veille. Il nous tardait de n'être plus sur la terre. Le globe et le char en équilibre touchaient encore au sol qui nous portait; il était une heure trois quarts. Nous jetons dix-neuf livres de lest, et nous nous élevons au milieu du silence concentré par l'émotion et la surprise de l'une et de l'autre part.

« Jamais rien n'égalera ce moment d'hilarité qui s'empara de mon existence, lorsque je sentis que je fuyais de terre : ce n'était pas du plaisir, c'était du bonheur. Echappé aux tourments affreux de la persécution et de la calomnie, je sentis que je répondais à tout en m'élevant au-dessus de tout.

« A ce sentiment moral succéda bientôt une sensation plus vive encore : l'admiration du majestueux spectacle qui s'offrait à nous. De quelque côté que nous abaissions nos regards, tout était têtes; au-dessus de nous, un ciel sans nuage; dans le lointain, l'aspect le plus délicieux. « Oh ! mon ami, disais-je à M. Robert, quel est notre bonheur ! J'ignore dans quelle disposition nous laissons la terre; mais comme le ciel est pour nous ! quelle sérénité ! quelle scène ravissante ! Que ne puis-je tenir ici le dernier de nos détracteurs, et lui dire : Regarde, malheureux, tout ce qu'on perd à arrêter le progrès des sciences ! »

« Tandis que nous nous élevions progressivement par un mouvement accéléré, nous nous mîmes à agiter dans l'air nos banderoles en signe d'allégresse, afin de rendre la sécurité à ceux qui prenaient intérêt à notre sort; pendant ce temps, j'observais toujours le baromètre. M. Robert faisait l'inventaire de nos richesses : nos amis avaient lesté notre char comme pour un voyage de long cours : Vins de Champagne, etc., couvertures et fourrures, etc. « Bon, lui dis-je, voilà de quoi jeter par la fenêtre. » Il commença par lancer une couverture de laine à travers les airs; elle s'y déploya majestueusement, et vint tomber auprès du dôme de l'Assomption.

« Alors le baromètre descendit environ à vingt-six pouces; nous avions cessé de monter, c'est-à-dire que nous étions élevés environ à trois cents toises. C'était la hauteur à laquelle j'avais promis de nous contenir; et en effet, depuis ce moment jusqu'à celui où nous avons disparu aux yeux des observateurs en station, nous avons toujours composé notre marche horizontale entre vingt-six pouces de mercure, et vingt-six pouces huit lignes; ce qui s'est trouvé d'accord avec les observations de Paris.

« Nous avions soin de perdre du lest à mesure que nous descendions par la perte insensible de l'air inflammable, et nous nous tenions sensiblement à la même hauteur. Si les circonstances nous avaient permis de mettre plus de précision à ce lest, notre marche eût été presque absolument horizontale et à volonté.

« Arrivés à la hauteur de Monceaux que nous laissions un peu à gauche, nous restâmes un instant stationnaires. Notre char se retourna, et enfin nous filâmes au gré du vent. Bientôt nous passons la Seine entre Saint-Ouen et Asnières, et telle fut à peu près notre marche aérographique, laissant Colombe sur la gauche, passant presque au-dessus de Genne-Villiers. Nous avons traversé une seconde fois la rivière, en laissant Argenteuil sur la gauche; nous avons passé à Sannois, Francnoville, Eau-Bonne, Saint-Leu, Taverny, Villiers, traversé l'Ile-Adam, et enfin Nesles, où nous avons dû passer presque perpendiculairement. Ce trajet fait environ neuf lieues de Paris, et nous l'avons parcouru en deux heures, quoiqu'il n'y eût dans l'air presque pas d'agitation sensible.

« Durant tout le cours de ce délicieux voyage, il ne nous est pas venu en pensée d'avoir la plus légère inquiétude sur notre sort et celui de notre machine. Le globe n'a souffert d'autre altération que les modifications successives de dilatation et de compression dont nous profitions pour monter et descendre à volonté d'une quantité quelconque. Le thermomètre a été pendant plus d'une heure entre dix et douze degrés au-dessus de zéro, ce qui vient de ce que l'intérieur de notre char était réchauffé par les rayons du soleil.

« Au bout de *cinquante-six* minutes de marche, nous entendîmes le coup de canon qui était le signal de notre disparition aux yeux des observateurs de Paris. Nous nous réjouîmes de leur avoir échappé. N'étant plus obligés de composer strictement notre course horizontale, ainsi que nous avions fait jusqu'alors, nous nous sommes abandonnés plus entièrement aux spectacles variés que nous présentait l'immensité des campagnes au-dessus desquelles nous planions; dès ce moment, nous n'avons plus cessé de converser avec leurs habitants, que nous voyions accourir vers nous de toutes parts; nous entendions leurs cris d'allégresse, leurs vœux, leur sollicitude, en un mot, l'alarme de l'admiration.

« Nous criions *Vive le roi!* et toutes les campagnes répondaient à nos cris. Nous entendions très-distinctement : « Mes bons amis, n'avez-vous point peur? n'êtes-vous point malades? Dieu, que c'est beau! Nous prions Dieu qu'il vous conserve : Adieu, mes amis! » J'étais touché jusqu'aux larmes de cet intérêt tendre et vrai qu'inspirait un spectacle aussi nouveau.

« Nous agitions sans cesse nos pavillons, et nous nous apercevions que ces signaux redoublaient l'allégresse et la sécurité. Plusieurs fois nous descendions assez bas pour mieux nous faire entendre; on nous demandait d'où nous étions partis et à quelle heure, et nous montions plus haut en leur disant adieu.

« Nous jetions successivement, et suivant les circonstances, redingotes, manchons, habits. Planant au-dessus de l'Ile-Adam, après avoir admiré cette délicieuse campagne, nous fîmes encore le salut des pavillons; nous demandâmes des nouvelles de Mgr le prince de Conti : on nous cria avec un porte-voix qu'il était à Paris, qu'il en serait bien fâché. Nous regrettions de perdre une si belle occasion de lui faire notre cour, et nous serions en effet descendus au milieu de ses jardins, si nous avions voulu; mais nous prîmes le parti de prolonger encore notre course, et nous remontâmes; enfin nous arrivâmes près des plaines de Nesles.

« Nous voyions de loin des groupes de paysans qui se précipitaient devant nous à travers les champs. Laissons-nous aller, lui dis-je. Alors nous descendîmes vers une vaste prairie.

« Des arbustes, quelques arbres bordaient son enceinte. Notre char s'avançait majestueusement sur un plan incliné très-prolongé. Arrivé près de ces arbres, je craignis que leurs branches ne vînssent heurter le char. Je jetai deux livres de lest, et le char s'éleva par-dessus, en bondissant à peu près comme un coursier qui franchit une haie. Nôus parcourûmes plus de vingt toises à un ou deux pieds de terre; nous avions l'air de voyager en traîneau. Les paysans couraient après nous, sans pouvoir nous atteindre, comme des enfants qui poursuivent des papillons dans une prairie.

«Enfin nous prenons terre. On nous environne. Rien n'égale la naïveté rustique et tendre, l'effusion de l'admiration et de l'allégresse de tous ces villageois.

« Je demandai sur-le-champ les curés, les syndics; ils accouraient de tous côtés; il était fête sur le lieu. Je dressai aussitôt un court procès-verbal, qu'ils signèrent. Arrive un groupe de cavaliers au grand galop; c'étaient Mgr le duc de Chartres, M. le duc de Fitz-James et M. Farrer, gentilhomme anglais, qui nous suivaient depuis Paris. Par un hasard très-singulier, nous étions descendus auprès de la maison de chasse de ce dernier. Il saute de dessus son cheval, s'élance sur notre char et dit en m'embrassant : *Monsieur Charles, moi premier!* »

Charles ajoute qu'ils furent comblés des caresses du prince, qui les embrassa tous deux, etc. Il raconte brièvement au duc de Chartres quelques circonstances du voyage; mais écoutons-le. « Ce n'est pas tout, monseigneur, ajoute-t-il, je m'en vais repartir. — Comment, repartir? — Monseigneur, vous allez voir. Il y a mieux. Quand voulez-vous que je redescende? — Dans une demi-heure. — Eh bien! soit. Monseigneur, dans une demi-heure je suis à vous. »

« M. Robert descendit du char, ainsi que nous étions convenus en voyageant. Trente paysans serrés autour et appuyés dessus, et le corps presque plongé dedans, l'empêchaient de s'envoler.

« Je dis à monseigneur le duc de Chartres : « Monseigneur, je pars. » Je dis aux paysans : « Mes amis, retirez-vous tous en même temps des bords du char au premier signal que je vais faire. » Je m'élançai comme l'oiseau; en dix minutes, j'étais à plus de quinze cents toises, je n'apercevais plus les objets terrestres, je ne voyais plus que les grandes masses de la nature. »

En partant, Charles avait pris ses précautions pour échapper aux dangers de l'explosion du globe, et se disposait à faire les observations qu'il s'était promises.

Afin d'observer le baromètre et le thermomètre placés à l'extrémité du char, sans rien changer au centre de gravité, il s'agenouilla au milieu, la jambe et le corps tendus en avant, la montre et un papier dans la main gauche, la plume et le cordon de la soupape, dans la droite.

« Je m'attendais à ce qui allait arriver, dit-il. Le globe, qui était assez flasque à mon départ, s'enfla insensiblement. Bientôt l'air inflammable s'échappa à grands flots par l'appendice. Alors je tirai de temps en temps la soupape pour lui donner à la fois deux issues, et je continuai ainsi à monter en perdant de l'air. Il sortait en sifflant et devenait visible, ainsi qu'une vapeur chaude qui passe dans une atmosphère beaucoup plus froide.

« Je passai en dix minutes de la température du printemps à celle de l'hiver. Le froid était vif et sec, mais point insupportable. J'interrogeais alors paisiblement toutes mes sensations, *je m'écoutais vivre*, pour ainsi dire, et je puis assurer que dans le premier moment je n'éprouvai rien de désagréable dans ce passage subit de dilatation et de température.

« Lorsque le baromètre cessa de monter, je notai très-exactement dix-huit pouces dix lignes. Cette observation est de la plus grande rigueur. Le mercure ne souffrait aucune oscillation sensible. J'ai déduit de

Descente de Charles et Robert près de l'Ile-Adam, devant le duc de Chartres.

cette oscillation une hauteur de 1,524 toises environ, en attendant que je pusse intégrer ce calcul et y mettre plus de précision. Au bout de quelques minutes, le froid me saisit les doigts, je ne pouvais presque plus tenir la plume. Mais je n'en avais plus besoin, j'étais stationnaire et n'avais plus qu'un mouvement horizontal.

« Je me relevai au milieu du char et m'abandonnai au spectacle que m'offrait l'immensité de l'horizon. A mon départ de la prairie, le soleil était couché pour les habitants des vallons, bientôt il se leva pour moi seul, et vint encore une fois dorer de ses rayons le globe et le char. J'étais le seul corps éclairé dans l'horizon, et je voyais tout le reste de la nature plongé dans l'ombre.

« Bientôt le soleil disparut lui-même, et j'eus le plaisir de le voir se coucher deux fois dans le même jour. Je contemplai quelques instants le vague de l'air et les vapeurs terrestres qui s'élevaient du sein des vallées et des rivières. Les nuages semblaient sortir de la terre et s'amonceler les uns sur les autres en conservant leur forme ordinaire. Leur couleur seulement était grisâtre et monotone, effet naturel du peu de lumière divaguée dans l'atmosphère. La lune seule les éclairait.

« Elle me fit observer que je revirai de bord deux fois, et je remarquai de véritables courants qui me ramenèrent sur moi-même. J'eus plusieurs déviations très-sensibles. Je sentis avec surprise l'effet du vent, et je vis pointer les banderoles de mon pavillon; nous n'avions pu observer ce phénomène dans notre premier voyage. Je remarquai les circonstances de ce phénomène, et ce n'était point le résultat de l'ascension ou de la descente; je marchais alors dans une direction sensiblement horizontale. Dès ce moment je conçus, peut-être un peu trop vite, l'espérance de se diriger. Au surplus, ce ne sera que le fruit du tâtonnement, des observations et des expériences les plus réitérées.

« Au milieu du ravissement inexprimable et de cette extase contemplative, je fus rappelé à moi-même par une douleur très-extraordinaire que je ressentis dans l'intérieur de l'oreille et dans les glandes maxillaires. Je l'attribuai à la dilatation de l'air contenu dans le tissu cellulaire de l'organisme, autant qu'au froid de l'air environnant. J'étais en veste et la tête nue. Je me couvris d'un bonnet de laine qui était à mes pieds; mais la douleur ne se dissipa qu'à mesure que j'arrivais à terre.

« Il y avait environ sept à huit minutes que je ne montais plus; je commençais même à descendre par la condensation de l'air inflammable intérieur. Je me rappelai la promesse que j'avais faite à monseigneur le duc de Chartres de revenir à terre au bout d'une demi-heure. J'accélérai ma descente en tirant de temps en temps la soupape supérieure. Bientôt le globe vide presque à moitié ne me présentait plus qu'un hémisphère.

« J'aperçus une assez belle plage en friche auprès du bois de la Tour-du-Lay. Alors je précipitai ma descente. Arrivé à vingt à trente toises de terre, je jetai subitement deux à trois livres de lest qui me restaient et que j'avais gardées précieusement; je restai un instant comme stationnaire et vins descendre mollement sur la friche même que j'avais pour ainsi dire choisie. »

Telle est la relation du second voyage aérien. Des estampes de plusieurs genres en portèrent l'illustration sur la France entière, les unes sérieuses, les autres frivoles. A la légende de l'une des plus populaires nous lisons ces deux quatrains :

Chacun admire ici-bas
Ces argonautes intrépides,
Et les coursiers les plus rapides
Jusqu'à Nesles suivent leurs pas.

Mais la frayeur est dans la lune,
Où le badaud et l'ignorant
Jugent l'aérostat errant
Une planète peu commune.

Une esquisse de l'Observatoire de Paris est dessinée sur le disque lunaire. Les plaisanteries n'empêchèrent pas les fervents adeptes de considérer désormais l'empire de l'air comme le domaine de l'homme. Après cette ascension mémorable, on est étonné d'apprendre que le physicien Charles ne recommença jamais l'expérience. Comment le désir de féconder sa découverte ne l'entraîna-t-il plus au sein des nuages? On a dit qu'en descendant de nacelle il avait juré de ne plus s'exposer à ces périlleuses expéditions, tant avait été vive l'impression qu'il avait ressentie au moment où, lorsque les paysans s'étaient retirés, il avait été emporté dans les airs avec la rapidité d'une flèche. Mais après lui cent autres vont surgir. La grande année 1783 se referme, le germe qu'elle a porté vient d'éclore pour les âges futurs.

DEUXIÈME PARTIE

PANORAMA DE L'AEROSTATION DEPUIS L'ANNEE 1783.

CHAPITRE PREMIER

La route ouverte. — Voyages et voyageurs. — Multiplication rapide des voyages aérostatiques. — Lyon : ascension du ballon « le Flesselles. » — Milan : ascension d'Andreani. — Expériences sur ballons perdus faites dans les principales villes d'Europe.

Désormais une route nouvelle était ouverte dans les cieux. La science de Montgolfier, l'art de Charles, l'intrépidité de Pilâtre des Roziers faisaient battre les cœurs, et dans toute la France une sorte d'expansion fébrile se manifestait. Les excursions aériennes vont se multiplier avec une incroyable ardeur. Nous ne parlons pas des ballons captifs. M. Biot raconte que dans sa jeunesse, quand les ascensions aérostatiques étaient moins connues qu'aujourd'hui, il y avait dans la plaine de Grenelle, au moulin de Javelle, un établissement où des ballons étaient constamment entretenus pour le service des amateurs des deux sexes, qui voulaient faire des promenades aériennes de quelques heures en ballons captifs. Elles furent assez longtemps à la mode dans le beau monde, et l'on n'a jamais appris qu'elles aient donné lieu à des accidents.

— Il est bien entendu qu'avec ces sortes de ballons inoffensifs on n'eut jamais la prétention de s'élever à quelques kilomètres de hauteur. Nous retrouverons les ballons captifs au chapitre de l'aérostation militaire.

Nous nous sommes étendu particulièrement sur l'exposé des premières tentatives, des premières expériences de la nouvelle conquête. Nous avons suivi avec intérêt les détails palpitants des premières ascensions aventureuses par lesquelles le génie de l'homme s'essayait en des voies inexplorées. Maintenant, les voyages aériens, en général, n'offriraient plus le même intérêt. Les impressions sont les mêmes ou diffèrent peu de celles que nous avons décrites. Aucun progrès important n'est réalisé dans cet art. Il s'agit donc pour nous de ne plus nous astreindre aux détails d'une chronologie sèche et monotone ; mais de choisir seulement dans le nombre considérable des ascensions aérostatiques opérées depuis quatre-vingts ans, celles qui possèdent un caractère particulier qui les rend dignes de notre curiosité désormais plus rigoureuse et plus sévère.

Pour donner une idée de la rapide extension des expériences aérostatiques, il nous suffit de faire remarquer que les aéronautes de 1783 sont seulement : Pilâtre des Roziers, le marquis d'Arlandes, le professeur Charles et Robert jeune. On peut leur adjoindre le charpentier Wilcox qui essaya une ascension à Philadelphie et à Londres.

Or, en 1784, les voyageurs aériens, qu'il serait fort long d'énumérer ici, sont déjà au nombre de cinquante-deux, et quelques-uns d'entre eux firent en outre plusieurs voyages.

Un certain nombre de ces aérostats perpétuaient l'élégance que nous avons déjà signalée. Parmi le plus beaux, nous citerons, avec le *Flesselles*, l'aérostat de Bagnolet.

Parmi les ascensions qui, après celles qui composent

Aérostat de Bagnolet.

notre première partie, laissèrent un mémorable souvenir aux premières pages des annales de l'aérostation, nous signalerons d'abord, dans l'ordre chronologique, celle du 17 janvier 1784, qui eut lieu dans la ville de Lyon et emporta les sept passagers suivants : Joseph de Montgolfier, Pilâtre des Roziers, le comte de Laurencin, le comte de Dampierre, le prince Charles de

Ligne, le comte de Laporte d'Anglefort, et Fontaine, qui s'élança dans la nacelle au moment où elle s'envolait.

La relation la plus exacte sur cette expérience, est une lettre de Mathon de la Cour, directeur de l'Académie des sciences de Lyon. « Dès que l'expérience du Champ de Mars et celle de Versailles furent connues ici, dit-il, les principaux citoyens de cette ville se proposèrent de les répéter, au moyen d'une souscription. A l'arrivée de M. de Montgolfier aîné, vers la fin de septembre, M. de Flesselles, notre intendant, toujours zélé pour ce qui peut contribuer au bien de la province ou au progrès des sciences et des arts, s'empressa de réunir des souscripteurs. A cette époque, personne encore n'avait tenté de s'élever dans les airs, à l'aide de cette machine; aussi n'était-ce point le but de l'expérience que se proposait M. de Montgolfier; son prospectus n'annonçait qu'une machine d'un plus grand volume que celles qui avaient été faites, qui s'élèverait à plusieurs centaines de toises, et pèserait huit milliers, avec un cheval, ou tels autres animaux qu'on y suspendrait. La souscription était fixée à douze livres, et l'on ne demandait que 360 souscripteurs. »

D'après ces conditions Joseph Montgolfier fit commencer aussitôt son ballon de 126 pieds de hauteur, sur 100 pieds de diamètre en largeur, composé de deux toiles d'étoupes, entre lesquelles on piqua trois feuilles de papier froissé. D'intervalle en intervalle, des rubans de fil, et ensuite des cordes, donnaient plus de consistance à cet assemblage. Ces raisons avaient fait préférer des toiles grossières à huit sous l'aune, qui rendaient nécessairement le ballon un peu lourd; mais dans les vues que Montgolfier avait alors, pourvu qu'il atteignît le poids de huit milliers qu'il avait annoncé, il lui paraissait assez indifférent que ce fût par le poids du ballon lui-même, ou par son lest.

Les travaux étaient fort avancés, lorsque l'intrépide Pilâtre des Roziers partit de la Muette à ballon perdu. Aussitôt le comte de Laurencin, chevalier de Saint-Louis, associé de l'Académie de Lyon, demanda avec instance à Montgolfier à monter dans son ballon. Celui-ci le lui promit, et fut charmé de trouver une occasion qui l'autorisât à y monter lui-même. Trente à quarante personnes se firent inscrire, pour être du nombre des voyageurs : le 26 décembre, Pilâtre des Roziers, le comte de Dampierre, et le comte de Laporte, arrivèrent à Lyon avec le même projet. Le prince Charles, fils aîné du prince de Ligne, arriva aussi, et on ne put lui refuser de monter dans ce ballon, pour lequel le prince son père avait pris cent souscriptions.

Mais, tandis que les papiers publics parlaient de voyages chimériques à Avignon, à Marseille, ou à Paris, il est impossible de peindre le chagrin de Pilâtre des Roziers, lorsqu'il vit que ce ballon immense était peu propre à porter des voyageurs, et dans l'origine n'avait pas été destiné pour cela. Il proposa à Montgolfier de refaire la calotte supérieure en toile de coton, et de l'entourer d'un filet. Montgolfier adopta toutes ses idées avec la déférence et la modestie qui accompagnent ordinairement le génie, et sont peut-être nécessaires pour le faire pardonner.

Le 7 janvier, toutes les pièces qui devaient former le ballon furent portées sur l'estrade qui lui était destinée dans les champs hors de la ville, appelés *les Brotteaux*. Le départ avait été annoncé pour le 10. Ce jour-là, à cinq heures et demie du matin, on essaya de gonfler le ballon; il le fut en vingt minutes, et l'on parvint à faire passer la galerie au-dessous. La matinée entière fut employée en préparatifs. Pilâtre des Roziers volait d'un côté et d'autre sur l'estrade, avec la légèreté d'un sylphe, une ardeur et une adresse plus qu'humaines. Entre midi et une heure, le ballon fut gonflé en vingt-sept minutes. Un développement si prompt surprit les physiciens, et paraissait d'un bon augure; on tenta d'attacher à la galerie les cordes qui devaient la porter; mais le bruit que faisait le peuple ne permit pas aux travailleurs de s'entendre un seul moment.

Les manœuvres nécessaires pour plier et déplier l'immensité de ce *Globe*, demandaient beaucoup de précautions et de temps, et, malgré tout cela, les toiles d'étoupes en souffraient beaucoup ; le 13 et le 14 furent employés à en réparer les trous. Jeudi 15, on alluma le feu à deux heures quarante-cinq minutes : le ballon fut parfaitement gonflé en dix-sept minutes, et les cordes attachées à la galerie en une heure. On observa que, pour maintenir le ballon enflé, on ne consommait par minute que 5 livres pesant de fagots de bois d'aune.

A quatre heures, la galerie étant chargée de six personnes et de 32 quintaux de lest, toute la machine fut enlevée d'un pied, malgré ceux qui la retenaient. Les voyageurs voulurent partir, mais la nuit qui s'approchait les obligea de renvoyer leur départ au lendemain. Le feu étant éteint, il fallut vingt-cinq minutes pour désenfler le ballon.

Dans la nuit du jeudi au vendredi, la pluie, la gelée, le verglas désolèrent tous ceux qui s'intéressaient à l'expérience. Le vendredi matin, lorsqu'on voulut gonfler le *Globe*, la machine étant appesantie par l'humidité, on força imprudemment le feu pour le soulever, sans prévoir que l'humidité, raréfiée et réduite en vapeurs par une chaleur si considérable, corroderait les voiles et les disposerait à s'enflammer. Ce malheur arriva : le feu prit à la calotte; mais, en une minute, les pompes, qu'on avait eu la précaution de placer sous l'estrade, l'éteignirent.

Le découragement ne fit que redoubler l'ardeur de Joseph Montgolfier et de ses coopérateurs. Le temps paraissait disposé à la neige; plusieurs citoyens envoyèrent à l'envi des toiles cirées et des toiles grasses pour couvrir la machine. On enleva une portion de la calotte supérieure de 30 pieds de diamètre; elle fut refaite à neuf dans la nuit, et reposée le samedi à trois heures, dans l'espérance qu'on pourrait partir le lendemain.

Pendant la nuit et toute la journée du dimanche, il tomba beaucoup de neige. Les voyageurs frémissaient d'impatience; un M. de J*** envoya à M. de Laurencin ces vers :

> Fiers assiégeants du séjour du tonnerre,
> Calmez votre colère.
> Eh! ne voyez-vous pas que Jupiter tremblant
> Vous demande la paix par son pavillon blanc?

Laurencin répondit gaiement que ses compagnons et lui s'étaient chargés d'aller prendre les articles de la capitulation.

Enfin lundi 19, jour de l'expérience, on fit, de grand matin, du feu de charbon sous l'estrade, pour faire sécher la machine. On profita de la leçon du vendredi; on pressa le feu modérément, et on mit plus de deux heures à gonfler le ballon. Il paraissait criblé de trous. Depuis plusieurs jours, les amis de Pilâtre faisaient tous leurs efforts pour l'empêcher de monter dans ce ballon et pour en détourner les autres voyageurs. Cette machine n'étant faite que pour élever des fardeaux, et ayant été fatiguée depuis par les manœuvres des expériences, par la gelée, la neige, la pluie et le feu, il était évident qu'elle ne pouvait promettre qu'un trajet médiocre avec un très-grand danger. Le filet ayant été endommagé par le feu du vendredi, on l'avait remplacé par seize cordes qui, ne pesant pas si également sur tous les points du *Globe,* n'étaient pas si propres à en prévenir les déchirures : mais rien ne put décourager Pilâtre ni ses intrépides compagnons. On avait préparé dans la galerie six places pour les voyageurs. Dès que le ballon fut gonflé, le prince Charles et les comtes de Laurencin, de Dampierre et de la Porte s'y jetèrent. Ils étaient tous armés et déterminés à ne céder leur place à qui que ce soit. Pilâtre, qui désirait se procurer du moins une très-forte ascension, proposa de réduire le nombre des voyageurs à trois et de tirer au sort. Personne ne voulut descendre. Ce débat s'animait. Les quatre voyageurs placés dans la galerie criaient de couper les cordes. M. l'intendant, à qui on eut recours, frappé de leur résolution et de leur courage, pensa qu'il convenait de les satisfaire en faisant quelques sacrifices sur l'ascension et le voyage projetés. A l'instant on coupa les cordes, et Montgolfier et Pilâtre des Roziers se jetèrent dans la galerie. Un M. Fontaine, qui avait eu beaucoup de part à la construction de la machine, s'y jeta aussi, au moment du départ, quoiqu'il ne fût point inscrit pour être du voyage. On lui pardonna ce transport subit en faveur de ses services et de son zèle.

En partant, la machine tourna au sud-ouest, baissa un peu et renversa deux pieux de la contre-enceinte extérieure. Une corde qui traînait à terre semblait retarder son ascension. Une personne intelligente l'ayant coupée d'un coup de hache, la machine commença à s'élever. A une certaine hauteur elle tourna au nord-

Expérience à Lyon (janvier 1784).

est. Le vent était faible et la marche lente; mais on ne saurait peindre l'effet imposant de ce spectacle : cette machine immense s'élevant dans les airs comme en triomphe, près de cent mille spectateurs émus et transportés qui battaient des mains et tendaient les bras vers le ciel; des femmes qui se trouvaient mal, d'autres qui versaient des larmes, des hommes qui agitaient leurs mouchoirs ou jetaient leurs chapeaux en l'air en poussant des cris de joie.

La forme de la machine était celle d'un globe soutenu par le bas d'un cône renversé et tronqué qui portait la galerie. La calotte supérieure était blanche, le reste grisâtre, et le cône composé de bandes d'étoffes de laine de différentes couleurs. Aux deux côtés du *Globe*, on avait attaché des médaillons, dont l'un représentait l'Histoire, l'autre la Renommée. Le pavillon portait les armes de M. l'intendant, et au-dessus ces mots : *le Flesselles*. Madame l'intendante, conduite par Montgolfier, avait attaché elle-même ce pavillon et avait été déclarée marraine du ballon.

Les voyageurs observèrent qu'ils ne consommaient pas, dans les airs, le quart des combustibles qu'ils consommaient étant à terre; ils étaient très-gais, et, en supputant la quantité de leurs combustibles, ils avaient l'espoir de voyager jusqu'à la nuit; ils voulurent forcer le feu pour se procurer une ascension plus rapide : alors il se fit une ouverture verticale de 4 pieds 1|2 près de la nouvelle calotte, dans l'endroit où les toiles avaient été endommagées par le feu du vendredi précédent, et la machine alla descendre dans un pré après quinze minutes de marche,

La descente se fit en deux ou trois minutes. Cependant, le choc de l'arrivée fut supportable. On observa que, dès que la machine eut touché terre, toutes les toiles furent abattues et repliées en deux ou trois secondes, ce qui semblerait confirmer l'opinion de Montgolfier, qui regardait l'électricité comme jouant un grand rôle dans les aérostats.

Les voyageurs furent dégagés sans accident, et ramenés vers la ville avec des transports et des applaudissements universels.

Le même jour on devait donner l'opéra d'*Iphigénie en Aulide* : le public s'y porta en foule, dans l'espérance de voir les voyageurs aériens. Le spectacle était commencé, lorsque M. et madame de Flesselles entrèrent dans leur loge accompagnés de MM. de Montgolfier et Pilâtre des Roziers. Les applaudissements et les cris se firent entendre dans toutes les parties de la salle ; les autres voyageurs furent reçus avec le même transport ; le parterre cria de recommencer le spectacle, et l'on baissa la toile. Quelques moments après, la toile fut levée et l'acteur qui remplissait le rôle d'*Agamemnon* s'avança avec des couronnes que madame l'intendante distribua elle-même aux illustres voyageurs. Pilâtre des Roziers posa celle qu'il avait reçue sur la tête de M. de Montgolfier.

Quand l'actrice, qui jouait le rôle de *Clytemnestre*, chanta le morceau : *Que j'aime à voir ces hommages flatteurs*, le public en fit aussitôt l'application et fit recommencer le morceau, que l'actrice répéta en se tournant vers les loges où étaient les voyageurs. Après le spectacle, ils furent reconduits avec les mêmes applaudissements : on ne cessa, pendant toute la nuit, de leur donner des sérénades.

Deux jours après, Pilâtre des Roziers, ayant paru au bal, y reçut de nouveaux témoignages de la plus vive admiration, et le jeudi 22, lorsqu'il partit pour Dijon, pour se rendre de là à Paris, il fut accompagné comme en triomphe par une cavalcade nombreuse des jeunes gens les plus distingués de la ville.

Croira-t-on néanmoins que l'opinion générale était pour les mécontents. On chansonna les voyageurs, on chansonna l'aérostat lui-même; on fut injuste envers les hardis matelots du *Flesselles*. C'est ainsi que le *Journal de Paris*, qui raconte avec tant de complaisance les ascensions aérostatiques de cette époque, ne consacre que quelques lignes au récit de ce voyage qu'il avait annoncé trois mois auparavant avec beaucoup de pompe. Enfin, on fit courir à Paris le quatrain suivant :

Vous venez de Lyon, parlez-nous sans mystère :
Le *Globe* est-il parti? Le fait est-il certain?
— Je l'ai vu. — Dites-nous, allait-il bien grand train?
— S'il allait... Oh! monsieur, il allait ventre à terre.

La locomotion aérienne fut signalée à Lyon par d'autres expériences. Nous ne remarquons de curieux dans les voyages ultérieurs qu'un passage assez naïf d'une lettre du comte de Laurencin à Joseph Montgolfier, à propos de l'expérience du 4 juin 1784 [1].

Le voyage du *Flesselles* à Lyon est le troisième. Le quatrième eut lieu à Milan, le 25 février 1784, sous la

[1] Voici ce passage : « Décidé à ne pas monter la montgolfière, à qui, monsieur, croyez-vous que j'aie cédé ma place? A une jeune et jolie femme, à madame Tible, née à Lyon, épouse, sans l'aveu de son cœur, dès l'âge de douze ans, d'un mari qui n'est pas homme, ignorant jusqu'au lieu où se tient caché le trompeur, enchaînée conséquemment par des liens qui l'empêchent d'en former de mieux assortis, et qui sans doute a voulu se consoler avec la gloire des torts perfides de l'hymen. Mille personnes de son sexe ont su nous prouver que le courage n'est pas un attribut exclusif du nôtre, mais je réponds que nulle autre ne l'a mieux prouvé qu'elle.

« ... Ces deux sensations durèrent peu et firent place à un état de bien-être et de suave contentement qu'on ne goûterait, je pense, dans aucune autre position. Madame Tible l'exprima en chantant l'ariette de la *Belle Arsène* : « Je triomphe, je suis reine; » je lui répondis par celle de *Zémire et Azor* : « Quoi ! voyager dans les nuages, etc... »

direction du chevalier don Paul Andreani qui fit construire une montgolfière à ses frais par les frères Gerli. Nous lisons dans la relation de cette expérience, par le

Ballon orné *le Flesselles.*

chanoine Castelli, que le diamètre du ballon était de 36 brasses de Milan, équivalant à 66 pieds de Paris, et que l'enveloppe était composée d'une simple toile revêtue intérieurement de papier à lettre très-fin.

Quelques différences se font remarquer entre l'établissement de cette montgolfière et la précédente. Le réchaud destiné à recevoir les matières combustibles était placé à l'embouchure de l'ouverture ; il était en cuivre du diamètre environ de six pieds, et il était soutenu par quelques traverses de bois qui partaient du dehors de l'encadrement de l'embouchure. M. Andreani crut ne devoir placer le réchaud, contre l'usage ordinaire, que très-peu au-dessus de l'ouverture du globe; il s'était aperçu, conformément à la théorie, que l'activité du feu était proportionnée à celle de l'air qui pouvait entrer pour l'alimenter.

Au lieu de faire usage d'une galerie semblable à celle que les Montgolfier avaient employée, tant pour gouverner le feu que pour porter les voyageurs et les matières combustibles, le chevalier don Paul Andreani imagina d'y substituer une ample corbeille circulaire, laquelle fut suspendue par des cordes à l'encadrement de l'orifice du globe, à une telle distance cependant qu'on pourrait fournir avec la main les matières combustibles, sans trop ressentir l'effet de la chaleur.

Tout étant ainsi disposé, la machine fut portée à *Moncuco*, séjour délicieux de l'illustre maison Andreani, pour y faire en secret les premiers essais, car l'on prévoyait bien qu'autant le vulgaire est impatient de voir des expériences de cet ordre, autant il est déraisonnable et prêt à se formaliser lorsqu'il arrive quelque contre-temps ou quelque événement fâcheux dans de pareils essais.

Don Andreani ne se trompait pas, car les premières tentatives ne répondirent pas à l'attente.

La raison de ce défaut existait dans la trop grande quantité d'air que le feu recevait, et dans la qualité des combustibles.

Le 25 février 1784, vers environ midi, on alluma de nouveau le feu sous la machine, d'abord avec du bois de bouleau bien sec, ensuite avec une pâte de matières bitumineuses, ingénieusement combinée par un des frères Gerli; en moins de quatre minutes, la machine fut entièrement gonflée, et les personnes qui tenaient quelques-uns des gros câbles s'aperçurent aussitôt qu'elle faisait effort pour s'élever.

Impatients, les voyageurs commandent qu'on coupe les cordes, et qu'on la laisse librement développer toute sa pompe, et donner une preuve plus sûre de son activité à sillonner les routes de l'air.

La machine fut à peine abandonnée qu'elle s'éleva avec lenteur en se dirigeant horizontalement du côté d'un palais voisin; mais les voyageurs pour empêcher qu'elle n'allât heurter contre les toits et les murs du palais, augmentèrent le feu, afin qu'elle acquît une plus grande force.

Ce fut alors que, contre l'attente des spectateurs, qui ne regardaient cette expérience que comme un essai, l'on vit monter la machine avec une grande rapidité, à une hauteur surprenante. Tous les spectateurs, réunis aux habitants des villages voisins, furent tellement surpris d'un phénomène si nouveau et si singulier pour eux, qu'ils en croyaient à peine le témoignage de leurs propres yeux : cependant leur plaisir se trouva mêlé de crainte lorsqu'ils perdirent de vue les voyageurs.

Voyant, en effet, qu'un vent qui s'élevait portait leur machine vers les collines voisines d'un difficile accès, et, s'apercevant d'un autre côté que la provision de matières combustibles manquait, ils jugèrent qu'il était convenable de descendre. C'est pourquoi ils diminuèrent le feu, et, au moyen d'un porte-voix qu'ils avaient avec eux, ils donnèrent avis à la multitude d'approcher, afin de leur être utile au besoin pour faciliter leur descente.

Cet avis réussit à point nommé, puisque la machine,

en descendant, vint se reposer sur un gros arbre qui mettait déjà les voyageurs dans l'appréhension de quelque embarras; cependant, le feu ayant été ranimé, et la machine s'étant suffisamment relevée au-dessus de cet arbre, elle fut à portée d'être dirigée par les gens qui étaient accourus, au moyen des cordes qui pendaient de ladite machine.

Les voyageurs eurent la facilité de descendre, et ceux qui régissaient les cordes se servirent très à propos de la tendance qu'avait l'aérostat à s'élever, pour le conduire précisément jusqu'au lieu même d'où il était parti.

Le feu, qui avait desséché les machines françaises, calciné et presque brûlé la partie supérieure [1], n'avait absolument occasionné dans celle-ci ni lésion ni accident, et elle se trouva aussi intacte que si elle n'eût pas servi.

EXPÉRIENCES SUR BALLONS PERDUS FAITES DANS LES PRINCIPALES VILLES D'EUROPE.

L'idée nouvelle avait passé les frontières de la

[1] Presque tous les papiers publics ont parlé de différentes expériences aérostatiques avec si peu d'exactitude, et cette matière leur était si étrangère, qu'au lieu de prendre conseil, dans cette circonstance, de personnes instruites, ils ont préféré recueillir tous les mauvais contes et les rapsodies que l'ignorance ou la prévention se plaisaient à divulguer; je n'en excepte que quelques-uns, ce qui prouve véritablement que cette multitude de publications légèrement rédigées sont infiniment plus nuisibles qu'utiles au progrès des connaissances, et en retardent l'avancement. Le feu n'a jamais même desséché ni calciné la partie supérieure des machines aérostatiques; celle qui fut élevée à Versailles n'éprouva pas la plus légère atteinte du feu. Celle qui partit de la Muette, et qui avait servi à une multitude d'expériences dans le faubourg Saint-Antoine, avait son dôme si sain et si peu calciné, qu'on en a employé la toile dans la construction d'une autre machine; et si celle de Lyon souffrit, l'on a vu, dans les détails, la cause de cet accident.

France, et chez les autres nations, comme chez nous, on essaya d'abord de la manifester par l'ascension de petits ballons perdus.

Ce n'est toutefois que cinq mois après l'expérience d'Annonay, que la première expérience aérostatique fut faite à Londres, le 25 novembre 1783. Nous constatons par l'*Histoire de l'aérostation*, de Tibère Cavallo, que le comte Zambeccari, Italien, se trouvant alors dans la capitale de l'Angleterre, fit un ballon de soie recouverte d'un vernis à l'huile, dont le diamètre était de 10 pieds, et le poids de 11 livres. Il était doré, tant pour lui donner un beau coup d'œil que pour empêcher l'air inflammable de passer au travers. Ce ballon, après avoir été exposé plusieurs jours aux yeux du public, fut enfin rempli aux trois quarts d'air inflammable : on mît une adresse dans une boite de fer-blanc que l'on y suspendit, afin que ceux qui le trouveraient pussent en donner des nouvelles, et il fut lancé à une heure de l'après-midi, de la place nommée Artillery-Ground, en présence d'un grand nombre de spectateurs.

Le 11 décembre 1783, on lança publiquement à Turin, un petit ballon fait avec la baudruche des batteurs d'or. C'était la même expérience que celle que nous avons rapportée à Paris, au mois de septembre. On vit le ballon pénétrer dans les nuages, et rester quelques instants stationnaire; alors il monta encore plus haut, et à la fin disparut entièrement, dans cinq minutes et cinquante-quatre secondes, à compter du moment de son départ.

Il était naturel, d'après les expériences faites bien antérieurement avec des cerfs-volants électriques, d'employer la machine aérostatique pour découvrir l'électricité de l'atmosphère. Ce fut l'abbé Bertholon de Montpellier, qui paraît avoir été le premier à se servir des ballons pour faire des expériences sur l'électricité des nuages. Il lança plusieurs ballons auxquels il attacha des fils de métal, longs et minces, dont l'extrémité se rendait à un cylindre de verre, ou toute autre substance capable d'isoler; il obtint du fil de métal assez de fluide électrique pour faire voir l'attraction, la répulsion, et même des étincelles.

Tibère Cavallo rapporte un accident qui arriva vers ce même temps en Angleterre, et qui peut servir d'avertissement pour ceux qui se trouveraient dans la même situation. Un ballon à gaz hydrogène ayant été lancé d'Hopton, près Mattock, fut trouvé par deux hommes dans les environs de Cheadle, comté de Stratford; ils l'emportèrent dans la chambre d'une ferme, et ayant voulu, en appliquant deux soufflets à l'ouverture de cette machine qui leur paraissait étrange, ressemblant à une vessie moitié soufflée, achever de la remplir, le gaz qui en sortait prit feu à l'approche d'une chandelle. L'explosion fut si forte qu'elle fit plus de bruit qu'un coup de canon et renversa les quatre hommes qui se trouvaient là. Ils ne tardèrent pas à se relever, mais la secousse avait été si violente qu'ils ne s'aperçurent du feu qu'en voyant leur tête enflammée; ils eurent les cheveux, la barbe et les sourcils tout à fait brûlés et le visage écorché. Les vitres des fenêtres volèrent en éclats et la maison elle-même fut très-endommagée.

A Grenoble en Dauphiné, de Barin lança un ballon le 13 janvier 1784, à 3 heures 40 minutes; il monta, la première minute prit d'abord une direction inclinée vers le nord; mais ayant rencontré un autre courant d'air qui le porta dans la direction du sud-est, il tomba environ un quart d'heure après à trois quarts de mille de l'endroit où il avait été lancé.

Une société, sous la direction de l'abbé de Mably,

ayant fait construire un ballon de 37 pieds de haut et de 20 de diamètre, le lança le même jour, 13 janvier 1784, de la cour du château de Pisançon près Romans, en Dauphiné. Le vent du nord, qui régnait très-fort, le porta d'abord du côté du midi ; mais dès qu'il eut atteint 200 toises de hauteur, il changea tout d'un coup de direction et fut ramené vers le nord : en moins de cinq minutes on fit le calcul qu'il dut s'élever à plus de 1,000 toises.

Le 16 du même mois, le comte d'Albon lança, de ses jardins de Franconville, un ballon à air inflammable, fait de taffetas d'une dissolution de colle arabique et de gomme arabique. Il était oblong, mesurant 25 pieds de haut sur 17 de diamètre. L'on y avait suspendu dans une cage d'osier deux cochons d'Inde et un lapin. Les cordes coupées, la machine monta avec une rapidité surprenante à une énorme hauteur. Cinq jours après on la trouva à la distance d'environ six lieues, et il est remarquable que, malgré le froid de cette saison, et particulièrement d'une région si élevée, ces animaux fussent non-seulement vivants, mais dans un bon état.

Le 3 février 1784, le marquis de Bullion lança un ballon de papier d'environ 15 pieds de diamètre ; une éponge plate, large d'un pied, placée dans une capsule de fer-blanc et imbibée d'une pinte d'esprit de vin fut le seul appareil dont on se servit pour occasionner la raréfaction de l'air. Ce ballon fut lancé à Paris, à 2 heures 45 minutes, et vers 3 heures il fut trouvé dans une vigne près Basville, éloigné de plus de 9 lieues de Paris.

Le 15 du même mois, à 3 heures, Cellard de Chastelais fit élever un aérostat de papier; la raréfaction de l'air fut occasionnée par la combustion d'un papier roulé, et d'une éponge au centre, le tout imbibé d'huile, d'esprit de vin et de graisse. L'on attacha à cette machine une cage qui portait un chat. En 35 minutes elle monta si haut, qu'elle ne parut que comme une étoile des plus petites; à 5 heures on la trouva sur quelques arbres, à la distance de 45 ou 48 milles de Mâcon, lieu d'où elle s'était élevée, de sorte qu'elle fit environ 23 milles par heure. Le chat était mort, mais personne n'en put deviner la cause.

Le premier ballon qui traversa la Manche fut lancé de Sandwich dans le Kent, le vendredi 22 février 1784. C'était un ballon, à gaz hydrogène, de 5 pieds de diamètre; on le lança à midi et demi, en présence d'un grand nombre de spectateurs. Il s'éleva rapidement porté par un vent d'ouest par nord qui lui fit prendre la direction d'est par sud. Deux heures et demie après il fut trouvé dans une prairie proche de Warneton, distant de Lille d'environ 3 lieues. Le ballon portait une lettre par laquelle on priait d'envoyer à William Boys esq. à Sandwich un récit de l'endroit et du moment où il aurait été trouvé. On s'empressa de faire parvenir ces renseignements. Le narrateur ajoute qu'on le fit de la façon la plus honnête.

Le 19 février, un ballon analogue, de 5 pieds de diamètre, fut lancé du collége de la Reine à Oxford. Il avait une forme sphérique et était fait d'étoffe dite de Perse, recouverte de vernis. C'est le premier ballon qui fut lancé dans cette ville.

De Saussure fait mention dans une lettre, datée de Genève, du 26 mars 1784, d'expériences faites dans cette ville sur l'électricité de l'atmosphère au moyen de ballons captifs, à air chaud, qui donnèrent des étincelles et de l'électricité positive.

On parle aussi vers ce temps d'un certain M. Argand, Génevois, qui eut l'honneur de faire des expériences aérostatiques avec un ballon, à air inflammable, de 35 pouces de diamètre, à Windsor, et cela en présence du roi, de la reine et de la famille royale d'Angleterre.

C'est vers cette époque (1784) que les ballons devinrent très-fort à la mode : on en voyait souvent la nuit, le jour, chauffés, au moyen de la lampe à alcool, s'élever dans les airs au grand plaisir des personnes de tous rangs et de tous âges qui s'amusaient beaucoup de ces expériences. Comme il arrive toujours quand l'attention publique est captivée par quelque chose de nouveau, on n'entendit plus parler que de ballons, les objets de parure, les chapeaux, les couleurs, les carrosses, tout fut *au ballon* sans que l'on s'inquiétât de ce qu'il pouvait y avoir de ridicule dans cette dénomination.

Une lettre de Watt au docteur Lind de Windsor, datée de Birmingham, du 25 décembre 1784, raconte une expérience remarquable faite l'été précédent avec un ballon hydrogène. On avait fait un ballon de papier fin, recouvert de vernis à l'huile, d'environ 5 pieds de diamètre, rempli d'un tiers d'air atmosphérique et deux tiers d'hydrogène retiré du fer. On avait attaché au col de ce ballon une fusée ou un serpenteau ayant une mèche de 2 pieds, très-inflammable, à laquelle on mit le feu quand le ballon fut rempli. La nuit était calme et obscure, beaucoup de personnes s'étaient rassemblées pour être témoins de cette expérience qui réussit au grand contentement de tous; car, au bout de 6 minutes, la mèche communiqua le feu au serpenteau dont l'explosion produisit un bruit semblable à celui du tonnerre et presque aussi éclatant. Les gens qui le virent de loin et qui n'avaient pas été présents au moment où le ballon avait été lancé, prirent ce bruit pour un météore nouveau.

« Notre intention, dit Watt, était de déterminer si le grondement du tonnerre était dû à des échos ou à des explosions successives. Le bruit occasionné par la détonation de l'air inflammable dans cette expérience se fit entendre dans un moment bien peu favorable pour pouvoir porter un jugement sûr; l'on est obligé de s'en rapporter à ceux qui se trouvèrent proche de la machine et qui affirment que ce bruit fut semblable à celui du tonnerre. »

CHAPITRE II

Expériences et études
(Blanchard, à Paris. — Guyton de Morveau, à Dijon).

I

Le nom le plus populaire dans les fastes de l'aérostation, pendant la Révolution et le Consulat, est certainement le nom de Blanchard. Nous l'avons déjà entrevu au chapitre des Tentatives antérieures à l'invention de Montgolfier. Nous le reverrons bientôt traversant pour la première fois la mer, des côtes d'Angleterre aux côtes de France. Ici nous saluons sa fameuse ascension du Champ de Mars le 2 mars 1784, et celles qui la suivirent.

Nous avons vu qu'il avait construit un bateau volant, machine atmosphérique armée de rames et d'agrès, avec laquelle il se soutenait quelques instants dans l'air jusqu'à quatre-vingts pieds de hauteur. On se souvient d'avoir vu cette curieuse machine exposée en 1782 dans les jardins du grand hôtel de la rue Taranne, où se trouve aujourd'hui un établissement de bains.

Ces essais de Blanchard sont de la fin de 1782 : cette année-là même, l'un des Montgolfier, Étienne, dans sa correspondance particulière, avait fait part à Desmarets, de l'Académie des sciences, de l'invention des aérostats, que les deux frères, Etienne et Joseph, appelaient alors machine *diostatique*, parce qu'elle se soutenait dans l'air. En dépit des explications nettes

Vaisseau volant de Blanchard.

et claires de l'inventeur, et peut-être à cause de leur parfaite simplicité, l'académicien ne comprenait point, et répondit : « Comme je n'entends pas votre machine ascendante, je n'ai pu faire usage de tout ce que vous m'en dites à différentes fois. » Probablement il rangeait cette invention dans la catégorie des illusions si communes à cette époque.

Peu après, la découverte éclata par l'expérience du 5 juin 1783, et, à peine connue, elle entra dans le domaine public. L'idée, si simple en sa grandeur, était d'une application trop facile pour ne pas trouver partout des imitateurs, et Blanchard fut un des premiers. Mais le mécanicien cherchait dans ses diverses ascensions à utiliser ses anciens procédés mécaniques. C'est ainsi que le 2 mars 1784, il se disposait à partir du Champ de Mars dans l'aérostat qu'il appelait encore son vaisseau volant, et qu'il chargeait de quatre ailes.

Blanchard et son compagnon dom Pesch, religieux bénédictin, ne purent s'élever dans ce ballon tel qu'il est représenté dans la gravure, faite par avance. Un élève de l'École militaire, nommé Dupont de Chambon, s'obstina à partir avec les voyageurs; repoussé par eux, il s'élança de force, l'épée à la main, dans la gondole, blessa Blanchard, déchira les agrès, brisa les rames ou ailes, et l'aéronaute fut réduit à s'élever seul, quelques heures plus tard, par les moyens connus, après avoir raccommodé tant bien que mal son aérostat.

L'amour de l'extraordinaire a fait dire que le militaire dont nous venons de parler était Napoléon Ier, alors élève lui-même de l'École militaire. La biographie du grand capitaine serait satisfaite de remonter là; mais la vérité est qu'il n'en est rien, et Napoléon Ier s'est expliqué sur ce détail dans les mémoires dictés à Sainte-Hélène[1].

Blanchard aurait pu apprendre des inventeurs l'inu-

[1] Cet incident de la première ascension de Blanchard rappelle celui qui mit en si grand péril les jours de M. Godard. Cet aéronaute avait consenti à prendre un Anglais pour compagnon de voyage. Quand ils furent parvenus à une très-grande hauteur, l'Anglais tira un couteau et se mit à couper les cordes. L'insulaire voulait se procurer l'émotion d'une chute de quelques kilomètres de hauteur. C'est en vain que M. Godard chercha à maîtriser le fou qu'il avait eu l'imprudence d'admettre avec lui, et qui continua à couper, sans s'émouvoir, les cordes de la nacelle. M. Godard se hâta

tilité des avirons dont il s'efforça de faire usage dans plusieurs ascensions subséquentes.

Les frères Montgolfier avaient songé, entre beaucoup d'autres moyens de direction, à l'emploi des

Machine du vaisseau volant de Blanchard.

rames, et l'avaient rejeté. Joseph écrivait à Etienne, vers la fin de l'année 1783 : « En grâce, mon bon ami, réfléchis, calcule bien; si tu emploies des rames, il te les faudra faire grandes ou petites; si elles sont grandes, elles seront lourdes; si elles sont petites, il faudra les faire mouvoir avec d'autant plus de rapidité. Fai-

de tirer la soupape, pour redescendre par une voie moins rapide, mais plus sûre. Il put ainsi opérer sa descente avant que la dernière corde fût coupée.

sons compte sur un globe de cent pieds de diamètre... » Et, calcul fait, il arrive à conclure que la puissance de trente hommes employés à faire des efforts qu'ils ne soutiendraient pas cinquante minutes sans se reposer, ne suffirait pas à faire deux petites lieues à l'heure. « Je ne vois moyen efficace de direction, poursuit Joseph, que dans la connaissance des différents courants d'air dont il faudrait faire une étude ; il est rare qu'ils ne varient suivant les hauteurs. » Les deux frères revinrent souvent sur cette idée.

La première ascension de Blanchard au Champ de Mars, le 2 mars 1784, en présence de tout Paris, nous montre les rames et le mécanisme de son bateau volant adaptés à son ballon. Le dessin que nous reproduisons nous paraît fort devoir être classé au rang des nombreuses caricatures de cette époque, si l'on en juge surtout par le personnage coiffé du bonnet à grelots de la folie, lequel sonne une fanfare aux oreilles de l'aéronaute.

Nous lisons à la légende de l'une des estampes de 1784 :

Air connu.

Ah ! le bel oiseau, vraiment,
Qui s'est mis dans cette cage.
Ah ! le bel oiseau, vraiment !
Depuis vingt mois on l'attend.

Le singe va regardant.
Les ânes sont près de braire.
L'aveugle s'en va, disant :
Pour moi, je ne le vois guère.

Et sur une autre estampe :

Si par son vol il peut escalader la lune,
Il fera comme un autre, *en volant*, sa fortune.

Nous aurons l'occasion de voir plus loin, au chapitre des caricatures, quelques épigrammes dont celles-ci ne sont que le prélude.

Ce n'est pas avec cet appareil que Blanchard exécuta son voyage, attendu que non-seulement cet appareil n'a pas été entièrement construit, mais que les rames et appendices ajoutés au ballon pour l'expérience du 2 mars furent brisés par le fougueux militaire. Blanchard prétend cependant s'être quelque peu dirigé. Voici ce qu'il écrivait le 12 mars à Faujas de Saint-Fond.

« Ce qu'il y a de certain, c'est qu'élevé à une certaine hauteur sur Passy et apercevant la Villette où je ne désespérais pas encore d'arriver, malgré le malheur qui venait de me contrarier, j'attachai une corde de mon gouvernail à ma jambe, ne pouvant me servir de ma main gauche que j'avais enveloppée de mon mouchoir, à cause du coup d'épée que je venais d'y recevoir; et de la main droite attirant avec l'appendice le dessus de mon ballon qui faisait drapeau, j'y formai une espèce de voile avec laquelle je pinçai, le mieux qu'il me fut possible, un courant d'air qui me paraissait opposé à mon dessein et au moyen de quelques secousses de gouvernail, je parvins à louvoyer contre ce courant et à retraverser la rivière; mais dans ce passage, la chaleur du soleil ayant échauffé et raréfié l'air inflammable, j'oubliai bientôt mon gouvernail et tout espoir de direction, pour m'occuper du terrible danger qui me menaçait; mon ballon ne fit plus voile en se gonflant, il m'échappa de la main et les plis qu'il avait en partant se tendaient avec une telle violence qu'il craquait de toute part. Mon vaisseau, dans lequel je marchai pour sonder mon ballon et les cordages, en faisait autant, tant il avait été maltraité à son départ; je vous laisse juger, monsieur, de l'état où je devais me trouver. Pour mettre le comble à cette cruelle alternative, une sourde commotion se fit sentir sous mes pieds : je m'aperçus, à la vivacité de la secousse, que j'étais enlevé rapidement; d'ailleurs, la légère draperie qui entourait mon vaisseau, me l'assura, car c'est le seul point qui m'ait averti de mon ascension et de ma descente; en montant, je remarquai que la draperie se couchait vivement sur les parois du vaisseau, et en descendant, elle voltigeait par-dessus ma tête, et même m'embarrassait. Je me rassurai sur ce bruit, jugeant que c'était un coup de canon; enfin, enlevé à une hauteur considérable aux environs du Champ de Mars où j'étais repoussé, la terre me parut comme une carte géographique grisâtre, tout était de niveau, je ne distinguais plus rien, pas même les montagnes; je cherchai celle du Calvaire, mais elle avait disparu à mes yeux; dans ce moment, une seconde explosion se fit sentir et produisit le même effet que la première, mais je n'en eus aucune frayeur. Quoique je parusse stationnaire, je ne montais pas moins perpendiculairement, parce que j'étais une seconde fois dans le calme : ma draperie que j'examinai me l'annonçait; d'ailleurs, certains petits nuages que j'avais traversés fuyaient sous mes pieds, et ceux que j'apercevais dans le lointain me parurent une mer tranquille au-dessus de laquelle j'étais fort éloigné; dans ce calme, j'éprouvai bien des contrariétés; tout à coup mon ballon devenait flasque, et de suite il se gonflait et était prêt à crever; c'est alors que je laissai échapper l'air inflammable par l'appendice; et quoiqu'il eût six pouces de diamètre, cette issue suffisait à peine pour le passage de l'air inflammable qui se raréfiait; lorsque mon appendice se désenflait, je le reprenais et le serrais jusqu'à ce qu'il fît bourrelet sur mes doigts; alors je lâchais, craignant la rupture de mon globe.

Descente de Blanchard.

« Échappé de ces vents impétueux et contraires, pendant lesquels j'avais éprouvé un grand froid, j'imaginai en être quitte à cause du calme où j'étais pendant lequel mon ballon se gonflait; je montais perpendiculairement; le froid devenait excessif : j'eus faim, je mangeai un morceau de pâté; je voulus boire, mais je ne trouvai au fond de mon vaisseau que des débris de verres et de bouteilles que m'avait laissés le jeune militaire dans son combat lors de mon départ; je trouvai son chapeau sous mon siége, je m'en couvris. Dans un état de tranquillité, ne pouvant rien voir ni entendre, puisqu'autour de moi un silence affreux régnait de toute part, le sommeil fut prêt à s'emparer de moi; mais me levant en sursaut, ce danger m'effraya. Je voulus prendre du tabac; mais je n'avais pas ma boîte; je changeai plusieurs fois de siége, j'allai de la poupe à la proue : bientôt deux vents furieux m'arrachèrent du calme et comprimèrent mon globe avec tant de force, qu'il diminua à vue d'œil; je jetai ce que je trouvai de sable dans mon vaisseau, ce qui me fit remonter un peu et éviter ces deux courants opposés qui m'agitaient violemment; mais j'en trouvai un autre qui me porta très-vite dans la dernière direction d'où j'étais parti. Comme je ne pouvais plus résister au grand froid, je ne fus pas fâché d'apercevoir que je descendais un peu, et pour descendre plus promptement, je tirai ma soupape, mais elle résista; cependant je vins à bout de l'ouvrir, et je descendis rapidement sur la rivière, qui me parut d'abord comme un fil blanchâtre, ensuite comme un petit ruban, et enfin comme une pièce de drap. Je jetai dans l'eau un pain de quatre livres qu'un ouvrier avait mis dans mon vaisseau; et comme je suivais le courant de la rivière, la crainte que j'eus de descendre sur l'eau, fit que j'agitai mon gouvernail assez vivement : je crois que c'est à ces mouvements que je dois d'avoir pris la rivière transversalement.

« Lorsque je me vis sur la plaine de Billancourt, je reconnus le pont de Sèvres et la route de Versailles; j'étais alors à peu près sur cette plaine à la hauteur des tours de Notre-Dame, j'entendais très-distinctement les applaudissements et les cris de joie que faisaient les voyageurs; chacun sortait de sa voiture et m'adressait la parole, je pouvais à peine répondre, j'étais occupé à me débarrasser de certains débris de ma mécanique, afin de descendre doucement; d'ailleurs, je m'apercevais que, malgré que je criasse fortement : *Rassurez-vous, j'ai quitté la rivière,* on m'entendait à peine. Enfin, je me promenai dans cette plaine environ deux cents pieds de longueur en rasant la terre; des personnes accoururent, et à ma demande, fixèrent mon vaisseau; bientôt je fus environné de seigneurs, et d'un nombre infini de courriers qui arrivèrent de toute part. »

Le voyage avait duré cinq quarts d'heure. La circonstance la plus curieuse, et qui servit désormais aux aéronautes, c'est que le ballon fut près d'éclater par la trop forte tension du gaz. Un aérostat ne doit jamais être entièrement gonflé au moment du départ. Nous en avons vu la raison. Peu s'en fallut que Blanchard ne fût victime de son ignorance en physique et qu'il ne se trouvât à la merci d'un ballon crevé à quelques mille pieds dans l'espace.

Les physiciens qui l'avaient observé déclaraient qu'il ne s'était pas dirigé et que les variations de sa marche devaient être uniquement attribuées aux courants d'air qu'il avait rencontrés. Et comme il avait écrit sur les banderoles de son ballon et sur les cartes d'entrée, cette devise fastueuse : *Sic itur ad astra,* on lança contre lui cette épigramme :

Au Champ de Mars il s'envola,
Au champ voisin il resta là.
Beaucoup d'argent il ramassa.
Messieurs, *sic itur ad astra.*

Quant au bénédictin dom Pesch, il paraît que c'était contre la défense de ses supérieurs qu'il avait voulu s'embarquer avec Blanchard. Un exempt de police envoyé sur le lieu de la scène l'avait arrêté et ramené à son couvent, d'où il avait réussi à s'échapper une seconde fois pour revenir tenter au Champ de Mars une épreuve qui, comme on l'a vu, ne fut pas poussée bien loin.

II

Expériences de Dijon.

Ce qu'il importe de mettre en évidence dans chacun des principaux voyages aériens, c'est le caractère particulier qui peut les distinguer de la généralité des expériences. Chaque voyage important se caractérise en effet par l'idée particulière de ceux qui l'entreprennent et par le but qu'ils se proposent. Les premières ascensions de Montgolfier tendent à établir expérimentalement l'élévation d'un objet moins lourd que l'air. Celles de Pilâtre des Roziers ont pour but de montrer que l'homme peut appliquer ce principe à de véritables voyages aériens. Celles de Robertson, de Gay-Lussac, etc., seront accomplies dans le but scientifique d'étudier directement les phénomènes météorologiques. Celles de Conté, de Coutelle, appliqueront l'aérostation aux services militaires, etc. Un nombre considérable auront pour objet d'organiser une navigation aérienne analogue à celle de l'élément liquide, — une direction par des rames ou des voiles — en un mot la possibilité de voyager vers un port déterminé. C'est à ce titre que se recommandent les *expériences aérostatiques de Dijon;* ce sont les plus sérieuses qui aient été tentées sur ce grave sujet de la *direction des ballons*, à peu près abandonné aujourd'hui.

A l'équateur du ballon étaient disposés quatre rames, deux voiles et un gouvernail : ces appareils communiquaient à la nacelle par des cordes. La gondole portait aussi des rames. Le copieux rapport de Guyton de Morveau, à l'Académie de Dijon, nous apprend que le jeu de ces divers appareils ne fut pas complétement inutile. Nous offrirons ici quelques extraits de ces intéressantes excursions.

Voici d'abord celle du 25 avril :

« Le vent très-fort et tourbillonnant qui s'était levé quelques instants avant notre départ, et qui nous avait déjà repoussés contre terre plusieurs fois de toute la hauteur des cordes qu'on filait, nous ayant fait craindre qu'il ne brisât tous nos agrès, qu'il ne nous jetât du moins sur la ville, étant précisément au pied du plus haut de ses clochers, nous prîmes la résolution de jeter successivement assez de lest pour vaincre la résistance qu'il nous opposait, ce qui l'épuisa en entier, et même partie de nos provisions que nous estimons devoir être de 75 à 80 livres; mais à peine eûmes-nous dépassé la hauteur des toits de l'église, notre ascension fut si rapide, que nous ne vîmes plus son clocher qu'en plongeant et fort au-dessous de nous.

« La forme de notre ballon nous annonçant alors une très-forte dilatation occasionnée à la fois par la chaleur du soleil et la diminution de densité de l'air environnant, nous avons fait jouer nos deux soupapes; mais elles n'ont pas suffi à écouler le fluide, et le ballon s'est ouvert de la longueur de 7 à 8 pouces dans la partie inférieure, tout près de l'appendice, ce qui nous a plutôt rassurés qu'effrayés.

Expérience à Dijon (1784).

« Nous nous sommes trouvés dans un calme presque plat, au point de nous regarder comme stationnaires; cependant nous nous aperçûmes bientôt que nous étions déjà loin de la ville.

« A cinq heures cinq minutes nous passâmes sur un village que nous ne connûmes pas, où nous laissâmes tomber un billet attaché à une pelote remplie de son, portant banderole, lequel annonçait que nous nous trouvions très-bien, que le baromettre étoit à 20 pouces 9 lignes, le thermomettre à un degré et demi au-dessous de zéro. »

Le froid vif leur saisit les oreilles, c'est la seule incommodité qu'ils aient éprouvée, et dont ils furent dédommagés par ce sentiment que Charles a si bien peint précédemment et qui leur parut plutôt affaibli qu'exagéré, lorsqu'ils virent une mer de nuages couler sous eux, et les isoler de la terre.

Le soleil commençant à baisser, après avoir donné le spectacle d'un superbe parhélie, ils s'aperçurent que la partie inférieure du ballon s'aplatissait, qu'il était temps de choisir le lieu de descente. Jugeant par la boussole qu'ils n'étaient pas loin de la ville d'Auxonne, ils prirent la résolution de faire usage de toutes leurs manœuvres pour diriger vers ce point; elles avaient été fort endommagées par le coup éprouvé au départ. Le gouvernail étant déboîté, une des rames avait été cassée à l'axe de son manche, et s'était détachée au premier moment. La rame de l'équateur, du même côté, s'était engagée dans une des quatre grandes cordes filées lors du départ. Il ne restait donc que les deux autres rames, qui, se trouvant du même côté, ont été absolument inutiles pendant la plus grande partie de la marche. Ils rapportent avoir fait jouer ces rames avec beaucoup de facilité, sans aucun inconvénient, pendant huit à neuf minutes, et s'en être servis pour virer au sud-est.

« Nous espérions donc pouvoir descendre près de cette masse que nous jugions Auxonne, disent-ils, mais nous perdions beaucoup par l'ouverture de notre ballon : nous entrions alors dans un grand espace couvert de bois ; nous nous sentions descendre ; nous gardâmes le peu de lest qui nous restait, et qui n'était guère que les planches mobiles qui nous servaient de banc, pour ralentir la chute, s'il en était besoin ; nous n'en jetâmes qu'une seule ; nous descendîmes très-doucement sur un talus. A peine notre gondole toucha-t-elle l'extrémité des branches qu'elle se releva avec force ; nous saisîmes ces branches pour nous arrêter, pour n'être pas jetés sur quelques arbres qui se trouvaient de distance en distance. »

Ils arrivèrent à Magny-lez-Auxonne. Les habitants effrayés virent en eux des ennemis inconnus. Dans le nombre deux hommes et trois femmes se mirent à genoux devant le ballon.

On avait déjà remarqué que l'air enfermé dans ces enveloppes acquérait une chaleur considérable. Après ce premier voyage, ils observèrent que le thermomètre y était monté à 39 degrés, tandis qu'il se tenait à 43 exposé au soleil. L'air dilaté par la seule chaleur du soleil eut une telle force que le ballon cassa deux cordes et emporta au bout de la troisième un jeune homme qui saisit courageusement une des cordes pour le retenir, et la tourna autour de son poignet ; il fut entraîné dans l'instant par-dessus un mur de clôture de neuf pieds, et retomba de l'autre côté. Le ballon continua sa route, passa sur la première allée du cours de la porte Bourbon, au grand étonnement du peuple, qui accourait pour le voir, et alla retomber à plus de 250 pas.

Voici un extrait du procès-verbal de l'expérience du 12 juin, dont l'objet principal était l'essai des moyens de direction :

« Nous montâmes dans l'aérostat, M. de Virly et moi, dit Guyton de Morvau, à sept heures; nous nous fîmes apporter les quatre cordes attachées au cercle équatorial, qui servaient à retenir le ballon ; nous les attachâmes aux quatre coins de la gondole et nous partîmes en nous élevant presque perpendiculairement. L'abaissement du mercure dans le baromètre, était à peine sensible, que la dilatation déjà était considérable. Nous vîmes le ballon très-arrondi, et une légère vapeur autour de l'appendice nous annonçait que le gaz commençait à s'échapper par la soupape d'assurance placée à son extrémité; nous l'aidâmes à sortir en tirant la ficelle : le fluide en sortit avec rapidité en faisant entendre un sifflement que nous prîmes d'abord pour le bruit d'une chute d'eau.

« Ayant suffisamment fait jouer les soupapes pour nous tranquilliser sur l'effet de la dilatation, nous résolûmes d'essayer les manœuvres à la vue de toute la ville et de la tourner de l'est au nord; nous reconnûmes avec plaisir qu'elles produisaient leur effet; le *gouvernail déplaçait l'arrière et portait le cap du côté que nous désirions*, en changeant à chaque fois la direction d'environ 3 à 4 degrés sur la boussole. Les rames, jouant d'un seul côté, appuyaient le gouvernail; toutes ensemble elles faisaient aller en avant. Nous suivîmes à peu près la courbe, coupant en travers le chemin de Dijon à Langres, un peu au-dessus de la fourche du chemin de Is-sur-Tille. Le mercure était descendu à 24 pouces 8 lignes, ce qui annonçait que nous nous élevions insensiblement; l'hygromètre de M. de Saussure marquait 66 degrés.—Nous essayâmes de suivre quelque temps la route de Langres, mais le vent nous fit dériver malgré nos efforts. A 9 heures le baromètre descendit à 23 pouces, ce qui donne une élévation d'environ 942 toises. C'est la plus grande hauteur où nous soyons parvenus. M. de Verly profita de cette ascension pour présenter de l'amadou à une lentille de 18 lignes de diamètre, et 6 de foyer; il s'alluma immédiatement. »

Les aéronautes décidèrent de se porter en ligne droite sur Dijon. Ils firent force de rames, après avoir viré le gouvernail et marchèrent dans cette direction sur une longueur d'environ 200 toises. Puis ils racontent que la chaleur et la fatigue les obligèrent à suspendre leur manœuvre. Le courant au sein duquel ils flottaient les ramena sur Mirebeau, et comme ils étaient portés sur un bois entre Trochère et Etevaux, ils jetèrent ce qui leur restait de lest et descendirent doucement sur une pièce de blé.

Les aéronautes reçurent des ecclésiastiques et des notables de l'endroit, un accueil chaleureux dont nous n'exposerons pas les détails, et finalement ils se donnèrent le plaisir d'être remorqués en ballon à bras d'hommes jusqu'à Dijon.

CHAPITRE III

Les voyages en montgolfières. — Pilâtre des Roziers et Proust (montgolfière « la Marie-Antoinette »). — Le duc de Chartres. — Le comte d'Artois. — Voyage de l'abbé Carnus à Rodez.

I

La plus longue course aérostatique qui ait été faite par des ballons à feu et la plus haute élévation qu'ils aient atteinte (4,000 mètres) est celle de Pilâtre des Roziers et Proust avec la montgolfière *la Marie-Antoinette*, à Versailles, le 23 juin 1784. Pilâtre des Roziers lui-même nous a laissé un récit pittoresque de cette excursion de Versailles à Compiègne.

«La montgolfière s'éleva d'abord très-lentement en diagonale, offrant un imposant spectacle. Comme un vaisseau qui s'est précipité du chantier dans les eaux, cette étonnante machine se balançait superbement dans l'air qui semblait l'arracher de la main des hommes. Ces mouvements irréguliers intimidèrent un instant une partie des spectateurs qui, craignant qu'une chute prochaine ne mît leur vie en danger, s'éloignèrent à grands pas. Après avoir allumé mon fourneau, je saluai les spectateurs, qui me répondirent de la manière la plus flatteuse ; j'eus le temps d'observer sur quelques visages un mélange d'intérêt, d'inquiétude et de joie.

« En continuant ainsi notre marche ascensionnelle, je m'aperçus qu'un courant d'air supérieur opposé au nôtre faisait pencher la montgolfière; voulant éviter le feu, j'engageai M. Proust à marcher huit à dix minutes horizontalement; puis, augmentant la chaleur, nous nous élevâmes; le volume des objets diminuait sensiblement et nous mettait en état d'apprécier assez exactement notre éloignement; alors la montgolfière fut distinguée de la capitale et des environs. L'élévation à laquelle nous étions déjà parvenus faisait croire au plus grand nombre que nous planions sur leur tête.

« Arrivés dans les nuages, la terre disparut entièrement à nos yeux; un brouillard épais semblait nous envelopper, puis un espace plus clair nous rendait la lumière; de nouveaux nuages, ou plutôt des amas de neige, s'amoncelaient rapidement sous nos pieds, nous étions environnés de toutes parts; une partie tombait perpendiculairement sur les bords extérieurs de notre galerie qui en retenait une assez grande quantité; une autre se fondait en pluie sur Versailles et sur Paris; le baromètre était descendu de neuf degrés, et le thermomètre de seize. Curieux de connaître la plus grande élévation à laquelle notre machine pouvait atteindre, nous résolûmes de porter au plus haut degré la violence des flammes, en soulevant notre brasier, et soutenant nos fagots sur la pointe de nos fourches.

« Parvenus aux plus hautes de ces montagnes glacées, et ne pouvant plus rien entreprendre, nous errâmes quelque temps sur ce théâtre plus que sauvage; théâtre que des hommes voyaient pour la première fois. Isolés et séparés de la nature entière, nous n'apercevions sous nos pas que ces énormes masses de neige qui, réfléchissant la lumière du soleil, éclairaient infiniment l'espace que nous occupions; nous restâmes huit minutes sur ces monts escarpés, à 11,732 pieds de terre, dans une température de cinq degrés au-dessus de la glace, ne pouvant plus juger de la vitesse de notre marche, puisque nous avions perdu tout objet de comparaison.

« Cette situation agréable sans doute pour un peintre habile, promettait peu de connaissances à acquérir au physicien, ce qui nous détermina, dix-huit minutes après notre départ, à redescendre au-dessous des nuages pour retrouver la terre. A peine étions-nous sortis de cette espèce d'abîme, que la scène la plus riante succéda à la plus ennuyeuse. Les campagnes nous parurent dans leur plus grande magnificence. Tout était si éclatant que nous crûmes que le soleil avait dissipé l'orage; et, comme si on eût tiré le rideau qui cachait la nature, nous découvrîmes aussitôt mille objets divers répandus sur un espace dont notre œil pouvait à peine mesurer l'étendue. L'horizon seulement était chargé de quelques nuages qui paraissaient toucher la terre. Les uns étaient diaphanes, d'autres réfléchissaient la lumière sous mille formes différentes; tous en général étaient privés de cette teinte brune qui porte à la mélancolie. Nous passâmes dans une minute de l'hiver au printemps; nous vîmes ce terrain incommensurable couvert de villes et de villages, qui, en se confondant, ne ressemblaient plus qu'à de beaux châteaux isolés et entourés de jardins. Les rivières qui se multipliaient et serpentaient de toutes parts, n'étaient plus que de très-petits ruisseaux destinés à l'ornement de ces palais; les plus vastes forêts devenaient des charmilles ou de simples vergers; en un mot, les prés et les champs n'avaient que l'ensemble des verdures et des gazons qui embellissent nos parterres. Ces merveilleux tableaux, qu'aucun peintre ne peut rendre, nous rappelaient ces métamorphoses miraculeuses de fées; avec cette différence que nous voyions en grand ce que l'imagination la plus féconde n'avait pu créer qu'en petit, et que nous jouissions de la réalité de ce qu'avait enfanté le mensonge; c'est dans cette charmante position que l'âme s'élève, que les pensées s'exaltent et se succèdent avec la plus grande rapidité. Voyageant à cette hauteur, notre foyer n'exigeait plus de grands soins, et nous pouvions facilement nous promener dans la galerie. Mon ardent coopérateur changea plusieurs fois de poste; nous étions aussi tranquilles sur notre balcon que sur la terrasse d'une maison, jouissant de tous les tableaux qui se renouvelaient continuellement, sans nous faire éprouver de ces étourdissements qui effrayent une infinité de personnes.

« L'action que j'avais portée dans mes travaux ayant cassé ma fourche, j'allai au magasin m'armer de nouveau. Nous nous rencontrâmes avec M. Proust, mais la montgolfière étant très-bien lestée, ne s'inclina que d'une manière presque insensible, d'où nous conclûmes qu'il fallait attribuer à la mauvaise construction ou à la frayeur des voyageurs, les accidents annoncés avec tant de pompe dans quelques journaux. Les vents, quoique très-considérables, emportaient notre bâtiment sans nous faire éprouver le plus léger roulis, nous n'apercevions notre marche que par la vitesse avec laquelle les villages fuyaient sous nos pieds; en sorte qu'il semblait, à la tranquillité avec laquelle nous voguions, que nous étions entraînés par le mouvement diurne; plusieurs fois nous cherchâmes à nous approcher de la terre, jusqu'à distinguer les acclamations qu'on nous adressait et auxquelles il nous eût été facile de répondre à l'aide d'un porte-voix; en un mot, tout nous amusait. La simplicité de nos manœuvres nous permettait de parcourir des lignes horizontales et obliques, de monter, descendre, remonter et redescendre encore et aussi souvent que nous le jugions nécessaire. »

Parvenus à Luzarche, les aréonautes charmés se déterminèrent à mettre pied à terre : déjà le peuple témoignait la satisfaction la plus vive; la foule augmentait; une partie tendait les bras pour ralentir leur descente solennelle tandis que les animaux de toute espèce s'enfuyaient épouvantés, comme s'ils eussent pris la montgolfière pour un animal vorace. Mais appréciant bientôt par la vitesse de leur marche qu'ils seraient portés sur les maisons, les voyageurs ranimèrent leur foyer; sautant alors avec la plus grande légèreté par-dessus les édifices, ils échappèrent à ces premiers hôtes, qui restèrent interdits. Poursuivant ensuite leur route, ils découvrirent cette forêt immense qui conduit à Compiègne. Connaissant peu la topographie de ce canton; ne voyant dans l'éloignement aucune place favorable à leur descente, et craignant d'ailleurs que leurs provisions ne cessassent avant d'avoir traversé les bois, Pilâtre des Roziers crut qu'il serait plus sage de mettre pied à terre dans le dernier carrefour distant de 13 lieues de Versailles, que de s'exposer à términer cette expérience par l'embrasement de la forêt.

II

Le duc de Chartres (Philippe d'Orléans).
Le comte d'Artois (Charles X).

Ce n'étaient pas seulement les physiciens et les mécaniciens qui se livraient avec enthousiasme à la prise de possession du nouvel empire ; nous avons vu la noblesse tendre la main à l'humble travailleur et solliciter la faveur d'une ascension aérienne. Le roi avait adressé des lettres de noblesse aux frères Montgolfier ; l'invention merveilleuse était devenue une véritable affaire d'Etat. Les princes du sang, les grands de la cour se faisaient un honneur de compter au nombre de leurs amis un aéronaute célèbre.

Le futur Charles X et le père de Louis-Philippe. s'essayèrent l'un et l'autre dans les premières tentatives de la navigation aérienne. Le char de l'Etat chancelait, et c'était à peine changer d'équilibre que se confier au précaire char aérien. Les chimistes Alban et Vallet construisirent dans leur fabrique d'acide sulfurique à Javelle leur magnifique aérostat, *le Comte d'Artois,* et le comte d'Artois lui-même s'éleva plusieurs fois dans cette machine en compagnie de nombreuses personnes de tout rang.

Déjà à Saint-Cloud, le duc de Chartres, depuis Philippe-Égalité, avait exécuté, le 15 juillet 1784, avec les frères Robert, une ascension qui avait mis à de terribles épreuves le courage des aéronautes. Le ballon à gaz hydrogène et de forme oblongue, qui mesurait 18 mètres de hauteur sur 12 mètres de diamètre, avait été construit suivant un système imaginé par Meunier. Pour suppléer à l'emploi de la soupape, on avait disposé dans l'intérieur du grand ballon un autre globe beaucoup plus petit et rempli d'air ordinaire, d'après cette supposition que, parvenu dans une région élevée, l'hydrogène se raréfiant par l'effet de la diminution de pression extérieure, devait comprimer le petit globe intérieur, et faire sortir une quantité d'air correspondant au degré de sa dilatation.

A 8 heures, les frères Robert, Collin-Hullin et le duc de Chartres s'élevèrent en présence d'une foule compacte accourue des environs pour assister à cette expérience. Les premiers rangs s'agenouillèrent pour permettre aux seconds la vue du départ de l'aérostat, qui disparut bientôt dans les nues aux acclamations

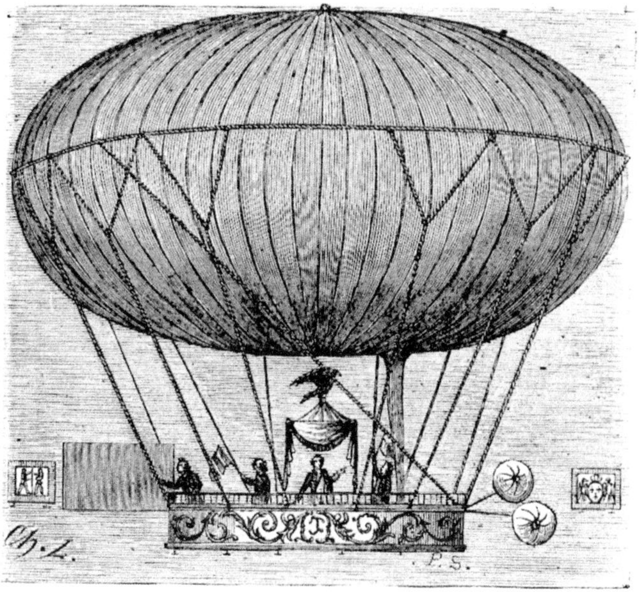

Expérience des frères Robert.

de la multitude prosternée. La machine obéissant alors aux vents impétueux et contraires qui régnaient à cette hauteur, tourbillonna et tourna plusieurs fois dans l'espace. Le gouvernail garni de taffetas qui avait été adapté à la machine et les deux rames donnaient tant de prise au vent que les voyageurs qui, déjà enfermés comme dans une ceinture par les nuages, ne semblaient plus devoir retourner sur terre, en firent le sacrifice. Mais les oscillations continuaient ; ils crurent alléger la machine en la débarrassant du petit globe d'air atmosphérique, qui n'étant plus retenu par les cordes, tomba si malencontreusement qu'il ferma l'ouverture du ballon par où devait sortir l'excédant de gaz dilaté par la chaleur du soleil qu'un coup de vent leur avait fait retrouver en les lançant au delà des nuages. Il y avait à craindre que les parois du ballon gonflé n'éclatassent, malgré les efforts des aéronautes pour repousser le petit globe dans l'intérieur. Alors le duc de Chartres saisit un des drapeaux et avec la lance creva le ballon en deux endroits. Une déchirure de près de 3 mètres se produisit et ils descendirent avec une rapidité effrayante qui se ralentit un peu en rencontrant une couche d'air plus dense. Ils allaient tomber dans un étang lorsque jetant 60 livres de leur lest, ils remontèrent un peu pour s'arrêter dans le parc de Meudon, à quelques pas de l'étang de la Garenne, où était tombé le petit globe par l'ouverture de l'aérostat.

Cette expédition ayant duré à peine quelques minutes, le duc de Chartres, malgré l'énergie qu'il avait montrée en crevant le ballon, comme le fit plus tard, le 19 novembre 1785, Blanchard se trouvant à Gand dans une situation analogue, fut raillé par ses ennemis qui l'accusèrent de lâcheté, et Monjoie, son historien, faisant allusion au combat d'Ouessant, dit que le duc de Chartres avait rendu les trois éléments témoins de la lâcheté qui lui était naturelle.

On lit dans une autre épigramme :

Mais quel soudain revers, hélas!
Ne vois-je pas mon prince en bas?
Comme il est fait, comme il se pâme;
On dirait qu'il va rendre l'âme!
L'âme!... Oh! qu'il n'est pas dans ce cas;
Peut-on rendre ce qu'on n'a pas!

Nous aimons mieux, parmi les sarcasmes et quolibets que l'on fit pleuvoir sur lui dans les vaudevilles et dans les chansons de l'époque, cette plaisanterie de madame de Vergennes qui, devançant même l'ascension, disait que M. le duc de Chartres avait voulu se mettre au-dessus de ses affaires.

III

Suite des voyages. — L'abbé Carnus à Rodez.

L'un de nos correspondants, M. Gray, professeur au séminaire de Rodez, nous fit part, il y a quelques années, de la lettre suivante de l'abbé Carnus, sur le voyage aérien qu'il entreprit le 6 août 1784. Il y a dans cette relation des passages curieux que nous sommes heureux d'offrir à nos lecteurs, et qui présentent sous un nouveau jour les impressions d'un voyage aérien.

« Le développement de la montgolfière fut si rapide que l'on eût pu croire qu'elle sortait toute gonflée d'une large ouverture souterraine. L'air était calme, le ciel sans nuage, le soleil très-ardent. Nos combustibles et nos instruments sont mis dans la galerie; mon compagnon, M. Louchet, est à son poste; je prends le mien : à 8 heures 28 minutes, je fais lâcher les cordes; nous saluons les spectateurs, et tandis que deux boîtes annoncent que nous allons partir, nous sommes déjà bien au-dessus des édifices les plus élevés.

« Aux acclamations qui avaient précédé notre départ succède un silence général. Les spectateurs, partagés entre la crainte et l'admiration, l'œil fixe, le corps immobile, contemplent avidement la superbe machine qui s'élève presque verticalement, avec assez de rapidité, et de la manière la plus pompeuse. Des femmes, des hommes s'évanouissent; d'autres lèvent les mains au ciel; d'autres fondent en larmes; tous pâlissent à la vue de notre ardent foyer. *Nous avons quitté la terre,* dis-je à mon compagnon. *Je vous en fais mon compliment,* me répondit-il : *augmentons le feu.* Une botte de paille, imbibée d'esprit de vin, accéléra la vitesse de notre ascension. Je promenai mes regards sur la ville, qui fuyait rapidement sous nos pieds. Les objets terrestres avaient déjà perdu leur forme et leur volume. La chaleur brûlante que j'éprouvais à mon poste, avant qu'on lâchât les cordes, avait fait place à la température la plus douce et la plus amie du corps humain; l'air que nous respirions me semblait avoir des qualités bienfaisantes tout à fait nouvelles pour moi. Je dis alors : *Que je suis bien, mon cher ami! Comment vous trouvez-vous? — Le mieux du monde. Que ne pouvons-nous dépêcher un courrier vers la terre!* Aussitôt je jetai une grande feuille de papier sur laquelle j'avais écrit ces mots : *Tout va très-bien. A bord de la VILLE DE RODEZ.* Ce laconique message fut accueilli avec transport.

« Notre élévation était, à 8 heures 32 minutes, au moins de 1,000 toises au-dessus du niveau de la mer. Une flamme très-vive et très-claire, de 18 à 20 pieds de hauteur, nous fit monter encore de plus de 400 toises. C'est alors que, dans une circonférence de plus de 3 grandes lieues de diamètre, la montgolfière parut s'avancer vers tous les points de l'horizon, planer majestueusement sur toutes les têtes, et devait descendre aux pieds de chaque spectateur. *Rendons notre machine invisible*, me dit en ce moment mon intrépide confrère. Je crus devoir modérer son ardeur; trop de feu pouvait occasionner une déchirure considérable dans l'enveloppe de notre globe.

« Du théâtre mobile qui nous portait, j'avais vu le lieu de la scène la plus imposante s'agrandir par une rapide progression : les bornes de l'horizon étaient prodigieusement reculées. La capitale du Rouergue ne nous paraissait qu'un groupe de pierres, du milieu desquelles en sortait une de 2 ou 3 pieds de hauteur : cette pierre était le superbe clocher de la cathédrale, chef-d'œuvre d'architecture gothique, dont la beauté égale l'élévation. Des coteaux fertiles, d'agréables vallons, de hautes montagnes d'où jaillissent des sources innombrables, des précipices affreux, des déserts arides, d'antiques châteaux perchés sur des rocs effrayants, tel est, monsieur, le spectacle infiniment varié que présentent le Rouergue et les provinces limitrophes, au voyageur qui se traîne sur la surface de la terre. Mais que la scène est différente pour le navigateur aérien! Nos yeux n'apercevaient qu'une vaste et immense contrée, parfaitement arrondie, un peu enfoncée dans son milieu, embellie de la plus pure lumière, irrégulièrement parsemée de verdure; mais sans habitants, sans villes, sans rivières, sans vallées, sans montagnes. Les êtres animés n'existaient plus pour nous; les forêts s'étaient changées en plaines de gazon; le Cantal, les Cévennes avaient disparu; des brouillards enveloppaient les Alpes; nous cherchâmes en vain la Méditerranée; les Pyrénées se montrèrent à nous comme une longue suite de tas de neige réunis par leur base. Notre globe, qu'on ne voyait de Rodez que comme une très-petite boule, notre globe seul avait conservé pour nous son énorme volume. Que je sentis alors naître dans mon âme de sensations inappréciables! J'ai souvent réfléchi sur les ouvrages de la nature; leur magnificence m'a toujours rempli d'admiration. Dans ce moment délicieux, que la nature était belle! qu'elle était grande! De quel éclat enchanteur elle brillait! De quelle éblouissante majesté elle étonnait mon imagination! Jamais l'homme ne m'avait paru un être si excellent. Son dernier triomphe sur les éléments me rappelait tous les autres. Mon compagnon était animé des mêmes sentiments. Notre reconnaissance égalant notre ravissement, nous fîmes retentir les airs du nom de ces mortels à jamais célèbres, qui viennent d'en frayer la route à leurs semblables; nous criâmes plus d'une fois : *Vive Montgolfier ! vive Pilâtre vivent ceux qui ont du courage et de la constance!*

« Cependant, monsieur, nos combustibles diminuaient, et le calme était toujours à peu près le même. Dans 18 minutes à peine, nous avions parcouru une distance de 2,000 toises. *Faites vos observations*, me dit en ce moment mon confrère, *j'alimenterai le foyer.* J'observe le baromètre, les thermomètres et la boussole, et ayant rempli un flacon de l'air que nous respirions à cette hauteur, je prie M. Louchet de ralentir le feu; nous descendons d'environ 300 toises, et je remplis un autre flacon. Il régnait la plus parfaite harmonie dans nos manœuvres; placés à 15 pieds l'un de l'autre, nous nous voyions, nous nous entendions sans peine : notre voyage fut une conversation continuelle. L'ardeur de mon compagnon augmentait la mienne.

« Enfin, nous sentîmes l'haleine rafraîchissante d'un léger zéphyr qui nous portait mollement vers le sud-est. *Éole exauce donc nos vœux,* me dit M. Louchet. *Oui, mais un peu tard.* Dans 6 minutes nous parcourûmes plus de 3,000 toises. Alors, n'ayant plus que les combustibles nécessaires pour choisir le lieu de notre débarquement, nous délibérâmes si nous ne terminerions pas là notre navigation aérienne. Nous n'avions ni eau, ni forêt à craindre; assurés d'ailleurs d'éviter le danger du feu, en détachant le réchaud à quelque distance de terre, nous prîmes le parti d'aller en avant et de descendre au hasard. A 8 heures 58 minutes, tout notre approvisionnement se trouva consumé, à la réserve de deux bottes de paille du poids de quatre livres chacune, destinées à rendre notre descente plus douce. La montgolfière baissait sensiblement depuis quelques secondes; les objets terrestres reprenaient leurs formes et leurs dimensions. Les animaux fuyaient à la vue de notre globe, qui semblait devoir les écraser de sa chute. Les cavaliers étaient obligés de mettre pied à terre et de conduire leurs chevaux. Effrayés par un phénomène si extraordinaire pour leurs yeux, les habitants de la campagne abandonnèrent leurs travaux. Nous n'étions plus qu'à 100 toises de terre. Nos deux bottes de paille jetées dans le réchaud produisirent l'effet que nous en attendions : mais en ralentissant notre descente, elles prolongèrent notre marche. Nous rencontrâmes bientôt un écueil qu'il nous fut impossible d'éviter. Au moment où nous détachions le réchaud et où la montgolfière allait terminer heureusement sa course, le vent, dant la force diminuait peu à peu, la porta doucement sur la cime d'un petit chêne isolé. Je descends avec la plus grande facilité; M. Louchet ne peut le faire au même instant que moi, ce qui donne lieu à un événement que nous n'avions pas osé espérer. Allégée du poids de mon corps, la montgolfière se dégage d'elle-même, à la grande surprise de tout Rodez qui, en voyant tomber le réchaud, avait cru la voir tout en feu. L'aigle perché sur un arbre s'élève moins rapidement dans les airs que notre globe ne se releva de dessus le chêne qui l'avait empêché de se poser sur le gazon. Aussitôt que j'eus pris terre, je cherchai des yeux mon compagnon; mais que je fus agréablement surpris de l'entendre crier au-dessus de moi : *Tout va bien, soyez tranquille.* Je me rappellerai la protestation qu'il m'avait faite plusieurs fois de n'abandonner la machine qu'au moment où elle ne pourrait plus le porter ; et ce n'est point, je vous l'avoue, monsieur, sans une espèce de jalousie que je le vis remonter à une hauteur de 1,400 à 1,500 pieds. La montgolfière, après avoir parcouru un espace d'environ 600 toises, sans éprouver d'inclinaison sensible, descendit lentement, à 9 heures 4 minutes, au delà du village d'Inières, à une distance de plus de sept mille toises du lieu de notre départ. Quand elle eut touché terre, elle se releva de deux ou trois pieds, et redescendit bientôt. M. Louchet s'élança hors de la galerie; et, saisissant en même temps une des cordes, il eut beaucoup de peine à retenir la machine qui faisait de nouveaux efforts pour s'échapper. Il se trouva seul pendant quelques minutes. Enfin parurent plusieurs paysans qui n'osaient approcher. Il leur cria en un jargon qui n'était ni français ni patois, de venir à son secours; mais il était à leurs yeux un vrai magicien, qu'un monstre énorme, soumis et docile à sa voix, portait à travers les airs. Il leur fallut du temps pour se résoudre à manier les cordes pendantes au globe : ils semblaient craindre que, s'ils y touchaient, le monstre ne les dévorât. Huit ou neuf minutes après la descente de M. Louchet, j'arrivai presque hors d'haleine, et je le félicitai en souriant d'avoir si bien choisi le lieu de débarquement. La machine était dans le même état qu'avant notre départ. Nous voulûmes d'abord la laisser se vider d'elle-même; mais, comme 36 minutes après, elle n'était encore affaissée que d'un tiers; comme d'ailleurs le vent la fatiguait et que nous étions exposés à un soleil très-chaud, nous la désenflâmes à force de bras; et, après l'avoir pliée, nous la mîmes sur une charrette courte et étroite, traînée par deux bœufs. »

CHAPITRE IV

Quelques aspects héroï-comiques de la question. — Le public dupé. — L'abbé Miolan et Janninet au Luxembourg. — Les caricatures. — Les exaltés. — Projets ultérieurs. — La « Minerve » de Robertson et son voyage autour du monde.

Les Anglais, nation trop fière,
S'arrogent l'empire des mers.
Les Français, nation légère,
S'emparent de celui des airs.
(*Quatrain du temps.*)

Ce n'est pas en France qu'une découverte comme celle des ballons pouvait passer sans être travestie et sans offrir quelque côté comique pour l'amusement général des badauds et des gens d'esprit. Nous avons déjà vu, dès la première ascension de Charles et Robert aux Tuileries, l'escalade du mur du quai. En feuilletant la riche collection d'estampes que possède la Bibliothèque impériale de Paris, nous avons trouvé sur la plupart de ces vieux dessins, toujours quelque farce, sotie et quelque immoralité, sous un prétexte ou sous un autre, comme si vraiment nos ancêtres avaient craint de laisser perdre la saveur du vieux sel gaulois.

Le premier voyage aérostatique fut chanté sur plusieurs airs, particulièrement sur celui du *Curé de Dôle*:

Écoute, ma mie,
Dans les Tuileries
On a vu Charle et Robert
S'allant promener en l'air.
Ça faisait envie.

Les voilà qui partent :
Au loin ils s'écartent,
A neuf lieues, près l'île Adam,
Dans un joli petit champ;
C'est là qu'ils débarquent.

Monsieur l' duc de Chartres,
Courant comme quatre,
Le duc de Fitz-Jame aussi,
Sont arrivés, Dieu merci!
Pour les voir s'abattre.

Que pareille histoire
Est digne de gloire!
Eh! bien vite à la santé
De leur intrépidité,
Ma mie, il faut boire!

Sur d'autres estampes, inspirées par le manque de réussite de certains amateurs inexpérimentés, qui, après avoir organisé une souscription publique, ne parvenaient pas à gonfler leur malencontreux appareil, on indique un *Moyen infaillible d'enlever les ballons*. Ce moyen infaillible consiste en poulies et en cordes!...

Nous ne parlerons pas des charges dont on a illustré un jeu de mots sur « l'enlèvement des ballons..... »

Dans le même temps que la caricature versait son ironie plus ou moins spirituelle sur les efforts des partisans de la nouvelle idée, on voyait des pamphlets contre les véritables travailleurs, infester l'étalage des libraires. Nous en avons lu qui déclarent la découverte des ballons *immorale*, et cela pour plusieurs raisons : 1° Parce que le bon Dieu n'ayant pas donné d'ailes à l'homme, il est impie de prétendre mieux faire que lui et d'empiéter sur ses droits (la même raison anathématise le commerce maritime international); 2° parce que l'honneur et la vertu seront en danger permanent, s'il est permis à des aérostats de descendre à toute heure de la nuit dans les jardins et vers les fenêtres; 3° parce que si le chemin de l'air est ouvert à tout le monde, il n'y a plus de propriétés fermées ni de frontières aux nations, etc., etc. Nous ne voulons pas rassembler ici les pierres que les critiques de parti pris lancèrent de tout temps contre les aéronautes, sans s'apercevoir que ces pierres leur retombaient sur le nez.

Nous citerons notamment comme type de ce genre de pamphlets, une « Lettre à M. le Président de**, *sur le Globe aérostatique*, etc. » (Londres, 1783), à laquelle on peut adjoindre, comme pendant, un « *Essai critique sur le gaz hydrogène,* par Charles Nodier et Amédée Pichot » (Paris, 1823). Cet Essai est riche des plus curieux arguments.

Il est juste d'avouer que parfois le public fut singulièrement dupé par de prétendus aéronautes, qui n'avaient d'autre but que de faire une riche collecte. Le résultat de ces mauvaises plaisanteries fut qu'en d'autres circonstances des hommes honorables payèrent pour des fripons. Et, de nos jours encore, lorsqu'une ascension sérieuse, mais retardée par des circonstances indépendantes, ne réussit pas, le bon public se montre généralement fort mal disposé envers l'homme le plus humble et le plus excellent.

Parmi les spectacles manqués dont la burlesque renommée fut la plus éclatante, il faut signaler la fameuse *ascension* des abbés Miolan et Janninet au Luxembourg, le 11 juillet 1784. Construite à grands frais à l'Observatoire, cette immense machine devait s'envoler au delà des nuages, et une souscription générale avait rassemblé au Luxembourg une foule considérable, ayant chèrement payé sa place. Il y eut exactement ce jour-là la même déconfiture que celle que M. Delamarne essuya depuis dans ce même jardin du Luxembourg; — à quatre-vingts ans d'intervalle, la même scène se reproduisit. On commença de gonfler le ballon vers midi, car la matinée avait été consacrée à le transporter de l'Observatoire au parterre du Luxembourg. Un soleil ardent chauffait les milliers de têtes en expectation, — et l'on sait quelle chaleur tombe sur ce parterre au mois de juillet. Le thermomètre marquait 28 degrés, et, en multipliant ce nombre par celui des spectateurs, les loustics du temps trouvaient un chiffre naturellement colossal. De dix heures du matin à quatre heures du soir, on subit passivement cette rosée tropicale. L'espérance soutient si tendrement les cœurs! et l'ascension devait être si imposante! on ne perdrait rien pour attendre.

Mais à cinq heures du soir, la lourde machine était encore étendue, inerte, à fleur de sol.

Nous n'essayerons pas de retracer le spectacle qui se développa insensiblement à mesure que l'impatience augmentait. Le ricanement de la dérision se fit entendre à toutes les oreilles. Un murmure colossal s'éleva, dégénérant bientôt en rumeur. Exaltée, frénétique, la populace se précipita soudain, comme un flot grossissant sur l'enceinte, qu'elle brisa. Puis s'élançant sur la galerie, les instruments, les appareils, elle les foula aux pieds et les mit en pièces. Elle se précipita sur le ballon, et dans le désordre causé par une telle alerte, le feu se mit soudain à l'enveloppe. Ce fut alors une mêlée générale. Loin de fuir l'incendie, chacun voulut saisir un peu de l'aérostat pour en garder une relique, — nous avons eu nous-mêmes un fragment de quelques centimètres en notre possession. Les deux abbés s'esquivèrent comme ils purent, à la faveur du tumulte et à l'abri de quelques amis puissants qui leur restaient.

C'est alors qu'on vit pleuvoir de toutes parts les quolibets et les caricatures. L'abbé Miolan fut désormais représenté en chat orné d'un rabat. Janninet fut métamorphosé en âne. Sur une estampe, on voit une *Réception à l'Académie de Montmartre :* le chat Miolan et l'âne Janninet arrivent en triomphe sur leur fameux ballon, et sont reçus à la colline des Moulins-à-Vent, par une assemblée solennelle de dindons et d'oies en différentes postures. Sur une autre estampe, on voit une montagne accoucher d'une souris. Sur une autre, le chat manœuvre un clysopompe à son usage. Un grand dessin, à l'aspect plus sérieux, représente une vue de l'*Élévation du ballon*, faite par un détachement de gardes suisses : hauteur exacte 27 pieds, 11 pouces, 5 lignes, mesurés à l'aide d'une *perche*. Et mille épigrammes ornent la marge de ces estampes. Exemple, celle-ci : « Chacun son métier, les vaches seront bien gardées. »

Parmi les chansons qui coururent alors les rues de Paris, nous rapellerons celle de l'air : « *Où allez-vous monsieur l'abbé;* » intitulée : « L'abbé *Miaulant* et M. Jean *Minet;* ils font ce qu'ils peuvent : »

C'est au Luxembourg aujourd'hui
Que tout Paris s'est réuni
Pour voir l'expérience
Eh bien !

Et la seconde, sur l'air : « *Les capucins sont des gueux :* »

Je me souviendrai toujours
Du globe du Luxembourg

Que de monde il y avait
M. Janninet!

Quelquefois on faisait l'*éloge* du roi dans ces chansons, témoin le dernier couplet de celle-ci :

Que notre siècle est florissant!
Vive la physique!
Cela n'est pas bien étonnant
C'est l'effet du mouvement
De la mécanique
D'un roi bienfaisant.

Quel éloge! de pareils termes feraient aujourd'hui mettre leur coryphée à Sainte-Pélagie!

On trouva dans les lettres qui composent ces mots : *l'abbé Miolan*, l'anagramme : *Ballon abîmé*. On juge si ce mot fit fureur.

La journée de Miolan et Janninet est un type des ascensions manquées — qui se renouvelèrent de temps à autre et produisirent toujours un effet infaillible sur le public. Elles fournirent du moins aux Gavarnis et aux Chams de l'époque le sujet d'excellents croquis. Les dessinateurs étrangers voulurent s'en mêler en des circonstances analogues, mais ils n'arrivèrent point à la charge fine de nos compatriotes. Les Anglais donnèrent de bonnes gravures, il est vrai, et les Allemands en offrirent d'abominablement grossières. Mais les premiers, par leur perfection, et les seconds, par leur grossièreté n'atteignirent point le but de la caricature; sur la plupart de leurs dessins il est même impossible de deviner s'ils ont voulu faire une charge ou une chose sérieuse.

Ce qui donna le plus riche aliment à la caricature, c'est l'exaltation de certains projets qui se présentaient d'eux-mêmes à la parodie. Les ballons devaient dominer le monde : plus de frontières, plus d'armées de terre! l'art aérostatique guidait désormais le char de la destinée. Parmi les caricatures inspirées par l'utopie de l'idée, nous admirons surtout un immense combat naval aérien : — grappins, cordages, chutes, explosions, captures, c'est un agencement formidable de forces aériennes dignes de figurer au *Paradis perdu*. Nous signalons aussi la *Thilorière*, « descente en Angleterre avec 3,000 hommes et 500 chevaux; » on n'a jamais imaginé pareil aérostat!

Si! on en a imaginé de plus forts encore. Nous avons sous les yeux un aérostat qui ne le cède en rien aux projets précédents, d'autant plus que celui-ci est sérieusement proposé : c'est « *la Minerve*, vaisseau aérien destiné aux découvertes et proposé à toutes les académies de l'Europe, par Robertson, physicien. » (Vienne, 1804, de l'imprimerie de S.-V. Degen. — Réimprimé à Paris en 1820.) Ce magnifique projet est dédié à *Volta* : « A l'âge où nous sommes, dit l'auteur dans sa dédicace, mon amitié ne forme qu'un seul vœu, c'est que nous vivions assez longtemps l'un et l'autre, vous pour calculer et utiliser les résultats de cette machine, moi pour en diriger l'exécution. » Voici l'exposé de ce ballon voyageur :

Celui qui pose la limite des sciences et des arts n'est pas fait pour les cultiver! On peut tout espérer, tout attendre du temps, du hasard et du génie de l'homme. La différence qu'il y a entre le canot d'un sauvage et un vaisseau de guerre de 124 canons est peut-être aussi grande que celle des ballons actuels à ce qu'ils seront dans un siècle. Si vous demandez à l'aéronaute pourquoi il ne peut pas diriger son ballon, il vous demandera à son tour pourquoi celui qui inventa la première gondole ne fit pas tout de suite un vaisseau de guerre? Il est juste de se rappeler qu'il ne s'est pas encore écoulé quarante ans depuis la découverte des aérostats, et de convenir que son perfectionnement présente les plus grands obstacles, tant sous le rapport des connaissances étendues que sous celui des sacrifices pécuniaires et le dévouement qu'il exige.

Ainsi cette invention, après avoir, dans son enfance, électrisé tous les savants d'un bout du monde à l'autre, a eu le sort de toutes les découvertes, elle s'est tout à coup arrêtée. A cet égard, soyons impartiaux : l'astronomie n'a-t-elle pas attendu longtemps Newton, et la chimie Lavoisier, pour éclairer leur marche? L'aimant n'a-t-il pas été longtemps un hochet dans les mains des Chinois, avant d'avoir fait naître l'idée de la boussole? Le fluide électrique était connu des temps des Thalès; mais après combien de siècles le galvanisme est-il venu étonner l'électricité et contrarier les effets de la boussole? Cependant, ces sciences, dont l'étendue et les recherches se font dans la retraite et le silence, offraient des chances plus faciles aux découvertes que les aérostats, dont les expériences exigent du courage, de la pratique, et dont les essais, toujours publics, sont ordinairement au-dessus de la fortune de ceux qui courent cette carrière.

La machine aérostatique appelée *la Minerve*, que propose le professeur *Roberston*, aura 150 pieds de diamètre, et sera capable d'élever 72,954 kilogrammes, équivalant à 149,037 livres de France. Les précautions et les soins qu'on prendra pour l'exécution de cet immense machine en assureront la solidité et son imperméabilité; elle pourra comporter toutes les choses nécessaires à la sûreté, à la commodité et à l'entretien de 60 personnes instruites, choisies par les Académies, et qui s'embarqueront pour plusieurs mois, afin de s'élever à toutes les hauteurs, de parcourir tous les climats, et dans toutes les saisons, faire des observations sur la physique, la météorologie et l'astronomie, etc. Cet aérostat, en pénétrant dans des déserts, visitant sans fatigue des montagnes inacces-

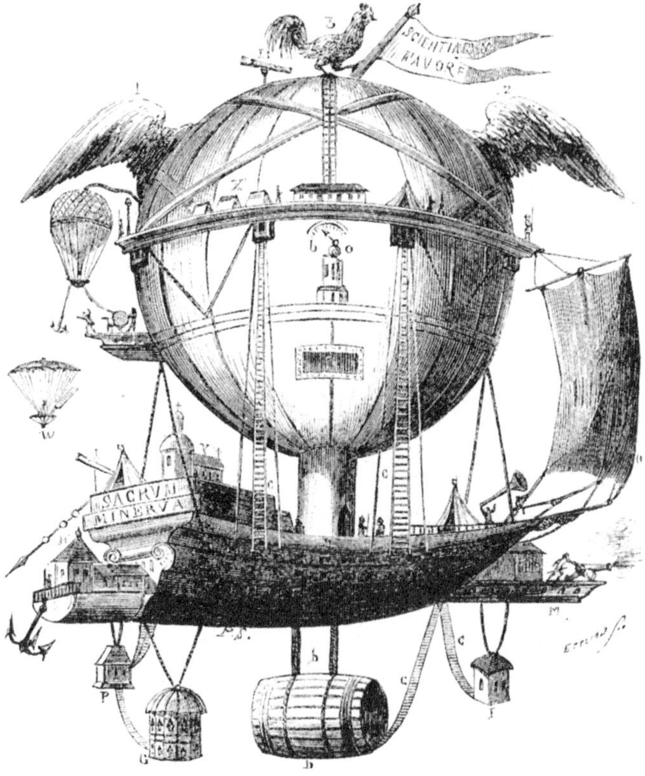

La *Minerve*, navire aérien pour les voyages.

sibles aux moyens ordinaires de voyage, et franchissant les lieux où l'homme n'a jamais pu pénétrer, servirait à des découvertes géographiques; et lorsque, sous la ligne, la chaleur du soleil rendrait le voisinage de la terre insupportable, nos voyageurs aériens s'élèveraient dans une région où l'air est frais et d'une température presque toujours égale : ou bien lorsque leurs observations, leurs besoins ou leurs plaisirs l'exigeraient, ils pourraient voyager à une faible distance de la terre et planer à 15 toises, de manière à tout voir, à dessiner, dresser des plans, se faire entendre et pouvoir même arrêter la marche de l'aérostat en jetant l'ancre. Il serait peut-être possible, en profitant des vents alizés, de faire le tour du globe. L'expérience apprendra peut-être un jour aux hommes étonnés qu'une navigation aérienne présente moins d'inconvénients, moins d'écueils que celle de l'Océan.

L'immensité des mers semble seule présenter des dangers insurmontables; mais quel espace immense ne peut-on pas franchir, en six mois, avec une machine aérostatique, pourvue de tout ce qui est nécessaire à la vie et à la sûreté des aréonautes? D'ailleurs, si par l'imperfection attachée à tout ce que crée l'industrie humaine, si, par accident ou par vétusté, l'aérostat, dirigé au-dessus des mers, devenait incapable de porter les voyageurs, il est pourvu d'un navire qui peut tenir la mer et assurer le retour des aéronautes.

Voici maintenant une sérieuse description de la machine :

— Le coq (nº 3) est le symbole de la vigilance; il est aussi le point le plus élevé de l'aérostat : un observateur, intérieurement placé à l'œil de ce coq, surveille tout ce qui peut arriver dans l'hémisphère supérieur du diamètre du ballon; il annonce aussi l'heure à tout l'équipage. Sans doute les ailes indiqués de chaque côté (1 et 2) sont uniquement dessinées pour l'effet et flatter l'imagination.

— Le ballon, de 150 pieds de diamètre, en soie écrue, fabriquée exprès à Lyon, verni intérieurement et extérieurement avec le caoutchouc. Ce globe enlève un navire qui réunit toutes les choses nécessaires aux commodités, aux observations, et même aux plaisirs des voyageurs.

— I Un petit navire, pourvu de sa voilure, agrès, et capable de tenir la mer, afin que si le ballon, porté sur l'Océan, ne pût, par vétusté, servir, les voyageurs eussent le moyen de se séparer de l'aérostat et revenir par mer.

— *b* Un grand magasin, ou cave pour conserver l'eau, le vin et toutes les substances alimentaires à l'expédition; il sert en même temps de contre-poids au ballon.

— CC Des échelles en soie, pour communiquer facilement dans tous les points du globe.

— E Water-closets.

— G Un logement pour quelques *dames curieuses* (cage suspendue à côté du tonneau). Ce pavillon est éloigné du grand corps de logis, de crainte de donner des distractions aux voyageurs.

— H Logement du garde gouvernail.

— L Un observatoire où sont les boussoles, les instruments astronomiques et les quarts de cercle pour prendre la latitude.

— Une salle destinée aux récréations, à la promenade et aux exercices gymnastiques.

— M La cuisine sans cheminée, et très-éloignée du ballon; c'est le seul endroit où il soit permis de faire du feu. A la suite un atelier pour la menuiserie, la serrurerie, la mécanique et la buanderie, etc.

— P Chambre du médecin.

— V Un théâtre, salon pour la musique, orgue, etc.

— Une salle d'étude, des cabinets de physique et d'histoire naturelle, etc.

— X Les tentes des gardes, etc., etc.

Vient ensuite le calcul du poids que 1,767,150 pieds cubiques de gaz hydrogène contenu dans le ballon auraient à élever.

Ce ballon est à coup sûr le plus merveilleux qu'on ait

jamais imaginé : toute une ville, forts, remparts, canons, boulevards, galeries. On comprend que de curieuses parodies en aient été faites.

Nous lisons sur l'une des estampes : « Ce *Globe* partira incessamment pour les échelles du Levant, et à son retour il annoncera un autre voyage, tant pour les deux pôles que pour les extrémités de l'Occident. Il ne faut se mettre en peine de rien : tout est prévu et tout ira bien. Il y aura un tarif spécial pour tous les lieux de passage; mais les prix seront les mêmes pour les contrées les plus éloignées de notre hémisphère, savoir : mille louis pour un desdits voyages quelconques, et l'on peut dire que cette somme est très-modique, eu égard à la célérité et à la commodité et aux agréments dont on jouira dans ledit aérostat, agréments que l'on ne peut trouver ici-bas, attendu que dans ce ballon chacun y trouvera les choses selon son imagination. Cela est si vrai, que, dans le même lieu, les uns seront au bal et les autres en station. Les uns feront chère exquise, et les autres jeûneront. Tout, enfin, sera là à souhait. Quiconque voudra s'entretenir avec des gens d'esprit trouvera à qui parler; quiconque sera bête ne manquera pas d'égal, etc. »

Sur une autre estampe : « Projet d'une nouvelle messagerie. Les entrepreneurs, jaloux d'acquérir à leur voiture une préférence marquée sur toutes celles en usage, se proposent de lui faire prendre la route de l'air, seul et infaillible moyen d'éviter les cahots et les ornières. Le dernier terme de la course sera la Chine et le Kamstchatka. Son premier départ est irrévocablement fixé au 10 de mai de l'an prochain 2340. Le bureau est à Paris, place des Victoires. Salle de bal, concerts, sérénades au-dessus des villes qui auront souscrit. Messe à cinq heures du matin et spectacle à six heures du soir. La punition des réfractaires sera pour la première fois d'être jeté par-dessus le bord. »

Le but de *la Minerve* ne manquait pas de grandeur, comme on voit. Osera-t-on croire que d'autres projets dépassaient encore cette audace? L'un des plus curieux, et qui mérite de couronner ce chapitre, est sans contredit celui d'un commentateur de la machine de Petin, en 1851, qui, connaissant fort bien les lois de l'astronomie, imaginait un moyen très-simple de voyages en Russie, en Amérique, etc. : celui de se tenir immobile. Ce n'était pas un paradoxe. En effet, la terre tournant d'Occident en Orient et parcourant (dans ce mouvement de rotation) 9,000 lieues en vingt-quatre heures, le voyageur qui désire aller en Chine n'a plus besoin de suivre les errements ordinaires, qui consistent à faire marcher un véhicule dans la direction du pays qu'on veut atteindre. Il s'agit simplement de s'élever assez haut pour dépasser la sphère d'attraction de la terre, mettre son navire en panne et attendre que la contrée où l'on veut descendre passe au-dessous de soi!

Fermons ici les merveilles de l'utopie.

CHAPITRE V

Premier voyage aérien fait en Angleterre. — Traversée de la mer en ballon par Blanchard.

Æthereum transibit iter quo nomine Blanchard
Impavidus sortem non timet Icariam.

I

Il est à remarquer que nos voisins d'outre-Manche, malgré leurs incontestables facultés industrielles et industrieuses, ne s'aventurèrent pas avec une brillante ardeur dans l'exploration de l'atmosphère. Il est juste de faire observer que l'azur du ciel ne renferme ni mines d'or ni richesses alimentaires, et que la vie de celui qui s'y confie est légèrement en danger. Pour une cause ou pour une autre, ce sont des Italiens et des Français qui proclamèrent dans la patrie de Milton, la conquête du ciel. L'historien anglais de l'aérostation, Tibère Cavallo, s'étend avec quelques détails sur le premier voyage aérien fait dans son pays par l'italien Vincent Lunardy, qui ne paraît pas avoir toutes ses sympathies. Nous rapporterons seulement ce qui concerne cette expérience aérostatique.

L'aérostat était fabriqué de soie enduite d'un vernis à l'huile et peint alternativement par bandes, de bleu et de rouge. Il avait 33 pieds de diamètre; un filet en recouvrait environ les deux tiers, duquel partaient les cordes qui allaient se rendre à un cerceau situé au-dessous, où était attachée une galerie. Ce ballon n'avait point de soupape; son col en forme de poire était la seule ouverture qui servait à introduire l'air inflammable, et à en faciliter l'issue.

Le 14 septembre 1784, il fut porté dans une place nommée *Artillery Ground*, choisie pour l'expérience. L'on commença dans la nuit de le remplir avec de l'air inflammable, retiré du zinc à l'aide de l'acide vitriolique affaibli. Ce mélange se fit dans deux tonneaux très-grands. On continua cette opération toute la nuit et le jour suivant, jusqu'à une heure et demie après midi : le ballon se trouva plein aux deux tiers environ; mais comme le moment fixé pour l'expérience était déjà passé, et que le public murmurait, on le retira de dessus les tonneaux et après avoir essayé sa force d'ascension, l'on y attacha la galerie à laquelle étaient fixées deux rames ou ailes, et Lunardy monta avec Biggin et madame Sage, qui devaient l'accompagner dans ce voyage; mais ils trouvèrent que le ballon n'avait pas de force suffisante pour les emmener tous les trois, et Lunardy s'éleva seul à deux heures environ, ayant avec lui un pigeon, un chat et un chien. L'ascension ne fut qu'un jeu.

Le ballon s'étant élevé à environ 20 pieds, suivit une ligne horizontale et descendit peu après; mais la galerie avait à peine touché la terre, que Lunardy jeta du sable qui lui servait de lest, et monta d'une manière triomphante au milieu des acclamations d'une foule considérable de spectateurs, dont la plus grande partie doutaient de la réussite de cette expérience, et regardaient les récits venus de l'étranger comme fabuleux. Ils croyaient qu'on ne devait entendre le mot, voyage aérien, que dans le sens figuré; ce qui était le sentiment général avant la découverte de Mongollier. A trois heures et demie Lunardy descendit bien proche de terre, sur les communes appelées South Mimms, où il laissa le chat qui était presque mort de froid; il se releva et continua son voyage. Il rapporte dans le récit qu'il en a donné, qu'il descendit au moyen de la rame qui lui restait, l'autre étant tombée, mais comme il rapporte qu'il jeta du lest quand il remonta, il est plus naturel de croire que la descente de la machine ne fut occasionnée que par la perte de l'hydrogène, puisque s'il eût descendu par l'action de la rame, cette action cessant il avait dû remonter. Lunardy fut jusqu'à Ware, dans le comté d'Hertford, et enfin à quatre heures dix minutes, il descendit dans une vaste prairie de la paroisse de Standon, où il fut aidé par quelques paysans. Cet aéronaute nous assure qu'il descendit encore cette dernière fois au moyen de sa rame. « Je repris, dit-il, ma rame pour descendre, et dans quinze à vingt minutes, j'en vins à bout avec beaucoup de fatigue, mes forces étant presque épuisées. Mon principal soin était d'éviter une secousse violente en touchant la terre, et la fortune me favorisa. » La crainte d'un choc violent semble montrer qu'il descendit plutôt en raison de la pesanteur du ballon, du bateau, etc., que par l'action de sa rame, et ceci est rendu encore plus probable, parce qu'il dit que longtemps auparavant, il avait jeté le peu de sable qui lui restait, les couteaux, les fourchettes, et une bouteille vide, enfin tout ce dont il put se défaire.

Il paraît qu'il n'avait d'autre instrument de physique qu'un thermomètre, qui descendit à 29° d'après son rapport. Les gouttes d'eau qui se rassemblaient autour du ballon étaient gelées.

Le second voyage aérien fait en Angleterre, fut exécuté par Blanchard et Sheldon. Ce dernier, professeur

Madame Sage, le capitaine Lunardy et le chevalier Biggin dans la nacelle.

d'anatomie à l'Académie royale, est le premier anglais, qui se soit élevé avec une machine aérostatique. Cette expérience se fit au petit *Chelsea*, le 16 octobre 1784, à environ deux milles de Londres.

Le même ballon qui avait servi à Blanchard, à faire trois voyages en France, lui servit dans cette expérience; le seul changement qu'il y fit, fut d'ôter le cerceau qui servait d'équateur, et le parasol, dont l'expérience avait démontré l'inutilité. Il avait adapté à une extrémité du bateau une espèce de ventilateur, qu'on pouvait mouvoir en rond au moyen d'un manche. Ce ventilateur avec les ailes et le gouvernail, qu'il avait dans son premier voyage, devait lui servir à différentes manœuvres, ou à se diriger à volonté, ce qu'il avait souvent promis de faire aussitôt qu'il serait un peu élevé.

Les deux voyageurs montèrent, ayant avec eux plusieurs instruments de physique et de musique, des rafraîchissements, du lest, et diverses autres choses. Le ballon s'éleva à midi neuf minutes pour retomber aussitôt : le bateau trop chargé l'ayant fait donner contre un mur. Les voyageurs, s'étant débarrassés des objets qui ne leur étaient pas absolument nécessaires, purent se maintenir quelques instants dans l'espace quand enfin la machine descendit dans une prairie de Sunburg, village du Middlesex, à environ quatorze milles de Londres; il pouvait être alors midi cinquante minutes. Sheldon sortit du bateau; Blanchard ayant pris une quantité de lest à peu près équivalente au poids de Sheldon, put au bout de trente minutes qu'avait duré cette opération, remonter seul et continuer son voyage.

Blanchard dit qu'à cette seconde ascension, il fut entraîné par un courant nord-est; et, peu après, remontant un autre courant, il fut porté à l'est-sud-est de Sunburg ; mais, s'apercevant que le ballon était trop distendu, il ouvrit la soupape située à l'extrémité supérieure, et descendit dans le courant du nord-est : il était alors une heure vingt-six minutes. Quatre minutes après, il entra dans un brouillard très-épais, et y resta 5 minutes; ce brouillard fit éprouver au ballon un degré de contraction considérable. A une heure trente-huit minutes, la chaleur du soleil devint excessive, alors il reprit son premier état de distension.

L'aéronaute s'éleva, monta si haut, qu'il éprouva une grande difficulté à respirer. Il rapporte une autre circonstance assez intéressante. Il avait un pigeon dans son bateau, une vessie remplie d'air vint à crever, l'animal fut effrayé, et s'envola; il eut bien de la peine à se soutenir dans l'air d'une région si élevée; ce pauvre animal vola longtemps aux environs de l'aérostat, et ne trouvant point d'autre endroit, vint enfin se reposer sur un des bords du bateau.

A une heure cinquante-huit minutes, le froid devenant excessif, Blanchard descendit beaucoup plus bas, de sorte qu'il put distinguer des hommes sur la terre, et entendre le bruit qu'ils faisaient. Peu après il s'éleva davantage; l'air fut très-calme pendant peu de temps, et, après un grand nombre de vicissitudes de cette espèce, ayant aperçu la mer, il descendit à quatre heures et demie dans une plaine de Rumsey, dans Hampshire, à environ soixante-quinze milles de Londres.

Dès le moment du départ, l'on se plaignit beaucoup, et avec raison, de ce que Blanchard ne montrait aucune des manœuvres qu'il avait promis d'exécuter; il donna pour excuse que le manche d'une des ailes avait été jeté par mégarde avec beaucoup d'autres objets à l'instant de son élévation. En agitant une espèce de ventilateur et le gouvernail, il pouvait faire tourner le bateau et le ballon autour de l'axe vertical qui leur était commun; mais l'aile dont Blanchard dit s'être servi avec quelque succès, semble n'avoir pas dérangé la machine de la direction du vent, puisque, si l'on vient à tirer une ligne droite sur une carte géographique entre Chelsea et Rumsey, elle touchera tous les endroits par où passa l'aéronaute et dont il parle dans le récit de son voyage.

II

Traversée de la mer en ballon (Douvres à Calais) par Blanchard.

L'enthousiasme était à son comble; les entreprises les plus périlleuses étaient affirmées d'avance, le mot impossible était effacé du langage. Enhardi par le succès de ses voyages, Blanchard eut un jour l'audace d'annoncer dans les journaux qu'il passerait d'Angleterre en France, suspendu au globe aérostatique : traversée miraculeuse autorisée par un stérile appareil de direction, et qui ne devait réussir qu'au caprice du vent, à la merci duquel se livrait l'intrépide aéronaute.

Le docteur Jeffries s'offrit pour accompagner Blanchard. Le vendredi 7 janvier, lisons-nous dans Tibère Cavallo, le ciel était serein, à la suite d'une forte gelée pendant la nuit, le vent, qui était très-faible, avait une direction nord-nord-ouest. On commença à emplir le ballon vers dix heures, et pendant cette opération, on lança deux petits ballons pour connaître la direction du vent. L'appareil était situé à quatorze pieds du rocher escarpé qui domine le précipice décrit par Shakspeare dans *le Roi Lear*. A midi trois quarts on suspendit le bateau au filet; on y plaça les choses necessaires et quelques sacs de sable pour servir de lest. A une heure Blanchard ordonna que l'on livrât le ballon à lui-même; mais le poids se trouvant trop considérable, les deux voyageurs furent obligés de

Blanchard.

jeter presque tout leur lest, et finirent par s'élever lentement; il ne leur restait plus alors que trois sacs de sable de dix livres chacun. A une heure un quart, le baromètre avait baissé de 29.7 à 27.3. Il faisait beau et même assez chaud. Le docteur Jeffries, dans une lettre adressée au président de la Société royale de Londres, décrit avec enthousiasme le spectacle qui s'offrit à leurs yeux : les campagnes situées derrière

John Jeffries.

Douvres, semées de villes et de villages, dont on comptait au moins trente-sept, formaient une perspective charmante. De l'autre coté les rochers escarpés contre lesquels la mer venait se briser en passant sur les bancs de sable de Godwin, leur offrait un aspect formidable.

Ils passèrent par-dessus plusieurs navires, mais le ballon était trop distendu, il descendait : ils jetèrent un sac et demi de lest et s'élevèrent de nouveau, ils avaient déjà franchi un tiers de la distance, et n'apercevaient plus le château de Douvres. Comme le ballon descendait toujours, ils sacrifièrent le reste de leur lest, et comme cela ne suffisait pas, ils ajoutèrent quelques livres et se relevèrent : ils pouvaient être à la moitié du trajet entre les côtes de France et d'Angleterre. A deux heures un quart, le mercure montant dans le baromètre leur fit voir qu'ils descendaient encore, le reste des livres y passa. A deux heures vingt-cinq minutes, étant aux trois quarts du chemin, ils aperçurent les côtes de France leur offrant un aspect enchanteur. Mais, par suite ou de la perte de l'air inflammable ou de la condensation du gaz, le ballon descendait toujours, et, nouveaux Tantales, ils étaient très-incertains de toucher jamais cette terre si désirée : ils lancèrent alors leurs provisions de bouche, les ailes du bateau et plusieurs autres objets. « Nous jetâmes, dit le docteur Jeffries, la seule bouteille que nous avions, qui en descendant fit entendre un bruit éclatant et produisit une vapeur semblable à de la fumée; quand elle atteignit l'eau, nous entendîmes et éprouvâmes le choc, qui fut très-sensible sur notre char et notre ballon. »

On dit que dans ce moment suprême le docteur Jeffries offrit à son compagnon de se jeter à la mer : « Nous sommes perdus tous les deux, lui dit-il; sivous croyez que ce moyen puisse vous sauver, je suis prêt à faire le sacrifice de ma vie. »

Néanmoins une dernière ressource leur restait encore, ils pouvaient se débarrasser de leur nacelle et s'attacher aux cordes du ballon. Ils se disposaient à essayer de cette dernière et terrible ressource et se tenaient tous deux suspendus aux cordages du filet, prêts à couper les liens qui la retenaient, lorsqu'ils crurent sentir un léger mouvement d'ascension : le ballon remontait, ils étaient à quatre milles des côtes de France, et leur marche était assez rapide. Toute crainte fut bientôt bannie ; la côte de France paraissait à leur vue et plus grande et plus belle; ils apercevaient une vingtaine de villes et villages. Leur position et l'idée d'être les premiers qui avaient traversé la Manche d'une façon si peu accoutumée, les rendit peu sensibles au besoin où ils étaient de leurs vêtements qu'ils avaient sacrifiés en partie. A trois heures précises ils passèrent sur les terres élevées, qui se trouvent environ à la moitié de la distance entre le cap Blanc et Calais; dans ce moment le ballon s'éleva rapidement et décrivit un grand arc, et ils montèrent plus haut qu'ils n'avaient été dans toute leur traversée; le vent augmenta et changea un peu de direction. Nos deux voyageurs jetèrent leurs scaphandres devenus inutiles, et étant descendus à la hauteur des arbres de la forêt de Guines, le docteur Jeffries se saisit d'une branche et leur marche fut arrêtée. L'on ouvrit la soupape, le gaz s'échappa avec bruit : et quelques minutes après, ils prirent terre entre une ouverture formée par les arbres, après avoir accompli une entreprise dont le souvenir passera peut-être à la postérité la plus reculée.

Une demi heure après, quelques personnes à cheval, qui avaient suivi le ballon, firent à ces heureux aéronautes le plus grand accueil. Le lendemain on célébra à Calais une fête splendide. On présenta à Blanchard des lettres de citoyen de la ville dans une boîte d'or, et le corps municipal demanda au ministère l'autorisation d'acheter le ballon et de le déposer dans la principale église comme un monument de cette expérience ; il fut résolu que l'on érigerait un monument en marbre dans l'endroit où ces intrépides voyageurs étaient descendus.

Plusieurs jours après Blanchard reçut l'ordre de paraître devant le Roi ; Sa Majesté lui avait accordé une pension annuelle de 1,200 livres, et en plus une somme de 1,200 livres. La reine, qui était au jeu, mit pour lui sur une carte et lui fit compter une forte somme qu'elle gagna. On peut ajouter qu'il ne manqua rien au triomphe de Blanchard, pas même la jalousie des envieux qui profitèrent de l'occasion pour le surnommer : Don Quichotte de la Manche.

CHAPITRE VI

Zambeccari. — Les drames du ciel.
Les comédies. — Un aéronaute de 1791.

I

Ces voyages aériens sont déjà d'un immense intérêt et captivent notre avide curiosité par l'incessante tentation de l'inconnu. Mais il n'est pas dans toutes les annales de l'aérostation, de péripéties plus émouvantes que celles dont fut victime le comte Zambeccari, surtout dans son voyage du 7 octobre 1804, qui se termina dans les flots de la mer Adriatique.

L'histoire de Zambeccari est tout un drame en action. Après avoir été pris par les Turcs et jeté dans le fond du bagne de Constantinople, il se livra avec passion à des essais de navigation aérienne. Il imagina de se servir d'une lampe à esprit de vin, dont il dirigeait à volonté la flamme, dans l'espérance de diriger à volonté l'aérostat. Un jour son aérostat se heurta contre un arbre près de Bologne, et l'esprit de vin enflamma ses vêtements. L'aéronaute, couvert de flammes, servit à augmenter la force ascensionnelle du ballon, et les spectateurs effrayés, au nombre desquels se trouvaient sa jeune femme et ses enfants, le virent emporté dans les nuages et disparaître. Cette fois il réussit à éteindre le feu qui l'environnait.

En 1804, il organisa une série d'expériences pour lesquelles il reçut d'avance huit mille écus de Milan, et qui manquèrent par la faute des intempéries de la saison, de la mauvaise volonté de ses aides et de la méchanceté des critiques.

Enfin le 7 octobre, après une pluie de 48 heures qui avait encore ajourné l'ascension annoncée, il prit la résolution héroïque de partir quand même, envers et contre toutes les forces de résistance qui semblaient dominer son existence.

Hélas ! la nuit survint que le ballon, dont le gonflement avait été commencé à une heure, s'élevait à peine de terre. Huit jeunes gens qu'il avait instruits, et qui lui avaient promis leur assistance, s'étaient laissé séduire et avaient manqué de parole. Il continua, avec deux compagnons, Andréoli et Grassetti, le gonflement de l'aérostat. Exténué de fatigues, le deuil dans l'âme, à jeun encore depuis 24 heures, il parvint à minuit seulement à pouvoir s'élever, sans autre espoir d'ailleurs que la persuasion que son globe qui avait beaucoup souffert, ne pourrait le porter bien loin.

Les deux compagnons que nous venons de nommer partirent avec lui. Ils s'élevèrent d'abord lentement et planèrent sur la ville de Bologne ; et soudain ils furent emportés avec une rapidité inconcevable. Mais écoutons Zambeccari lui-même racontant cet étrange voyage : « La lampe qui était destinée à augmenter la force ascendante nous devint inutile. Nous ne pouvions observer l'état du baromètre qu'à la faible lueur d'une lanterne, et très-imparfaitement. Le froid insupportable qui régnait dans la région élevée où nous nous trouvions, l'épuisement où m'avait mis le défaut de nourriture depuis plus de vingt-quatre heures, le chagrin qui accablait mon âme, tout cela réuni m'occasionna une défaillance totale, et je tombai sur le bas de la galerie dans une espèce de sommeil semblable à la mort. Il en arriva autant à mon compagnon Grassetti. Andréoli fut le seul qui resta éveillé et bien portant; sans doute parce qu'il avait l'estomac bien garni et qu'il avait bu du rhum en abondance. A la vérité, il souffrait aussi beaucoup du froid, qui était excessif, et fit pendant longtemps de vains efforts pour me réveiller. Enfin, il réussit à me remettre sur les pieds, mais nos idées étaient confuses; je lui demandai, comme si je fusse sorti d'un rêve : Qu'y a-t-il de nouveau? où allons-nous? quelle heure est-il? d'où vient le vent?

« Il était deux heures. La boussole était à bas, par conséquent elle nous devenait inutile; la bougie qui était dans notre lanterne ne pouvait pas brûler dans un air aussi raréfié, sa lumière s'affaiblissait de plus en plus, et finit par s'éteindre. Nous descendîmes lentement à travers une couche épaisse de nuages blanchâtres; et lorsque nous fûmes au-dessous, Andréoli entendit un bruit sourd et presqu'imperceptible, qu'il reconnut bientôt pour être le mugissement des vagues dans le lointain. Il m'annonça aussitôt avec effroi cette nouvelle. J'écoutai et ne tardai pas à me convaincre qu'il avait dit la vérité. Il était indispensable d'avoir de la lumière pour examiner, par l'état du baromètre, à quelle hauteur nous nous trouvions, et pour prendre nos mesures en conséquence. A force de secouer Grassetti, nous parvînmes à le réveiller un peu. Andréoli brisa cinq mèches phosphoriques sans qu'une seule prît feu. Cependant nous réussîmes, avec infiniment de peine et à l'aide du briquet, à rallumer la lanterne. Il était trois heures du matin. Le bruit des vagues qui se brisaient l'une contre l'autre, se faisait entendre de plus en plus, et je reconnus bientôt la surface de la mer violemment agitée. Je me saisis bien vite d'un gros sac de lest ; mais au moment où j'allais le jeter, la galerie s'enfonçait déjà, et nous nous trouvâmes tous dans l'eau. Dans le premier moment d'effroi, nous jetâmes loin de nous tout ce qui pouvait alléger la machine ; notre lest, tous les instruments, une partie de nos vêtements, notre argent, et jusqu'aux rames, dont une s'était brisée non loin de Bologne. Comme, malgré tout cela, la machine ne s'élevait pas, nous jetâmes aussi notre lampe à la mer ; après avoir arraché, coupé tout ce qui nous parut ne pas être d'une indispensable nécessité, le globe, ainsi allégé, remonta tout d'un coup, mais avec une telle rapidité, et à une si prodigieuse élévation, que nous avions de la peine à nous entendre, même en criant ; je me trouvai mal, et il me prit un vomissement considérable. Grassetti saigna du nez : nous avions tous deux la respiration courte et la poitrine oppressée. Comme nous étions trempés jusqu'aux os, au moment où la machine nous avait transportés dans ces hautes régions, le froid nous saisit rapidement, et nous fûmes couverts en un instant d'une couche de glace. Je n'ai pu me rendre compte de la raison pour laquelle la lune, qui était dans son dernier quartier, se trouva en ligne parallèle avec nous, et nous parut rouge comme du sang.

« Après avoir parcouru pendant une demi-heure ces régions immenses, et avoir été portés à une hauteur incommensurable, la machine recommença à descendre lentement, et nous retombâmes encore une fois dans la mer ; il était environ quatre heures du matin. Je ne puis déterminer précisément à quelle distance de la terre ferme se fit notre chute ; la nuit était trop obscure, la mer trop houleuse, et nous-mêmes dans une situation d'esprit qui nous rendait incapables de faire des observations. Ce devait être dans le milieu de la mer Adriatique, c'est-à-dire à peu près dans la direction de Rimini. Quoique notre chute se fût faite doucement, la galerie s'était enfoncée; nous avions la moitié du corps dans l'eau, et souvent nous étions entièrement couverts par les vagues. Le ballon s'étant relâché de plus de moitié, par suite de toutes ces variations et de ces événements, il donnait prise au vent, qui pouvait s'y engouffrer comme dans une voile, en sorte que nous fûmes ainsi traînés et ballottés pendant plusieurs heures, au gré des flots agités. Au point du jour, nous nous orientâmes, et nous nous trouvâmes vis-à-vis de Pesaro, à quatre milles environ de la côte. Nous nous flattions d'y aborder heureusement, lorsqu'un vent de terre nous repoussa avec violence vers la pleine mer. Il était grand jour, et nous ne voyions autour de nous que l'eau, le ciel et une mort inévitable. A la vérité, notre bonne étoile nous envoya bien quelques bâtiments; mais du plus loin qu'ils apercevaient cette machine flottante et qui brillait sur l'eau, ils étaient saisis d'épouvante, et faisaient force de voile pour s'éloigner de nous. Nous n'avions donc plus d'autre espoir que d'aborder sur les côtes de Dalmatie, qui étaient bien loin vis-à-vis de nous. Hélas! cette espérance était très-faible, et nous aurions été indubitablement engloutis par les vagues, si le ciel, qui voulait notre délivrance, n'eût dirigé vers nous un navigateur, qui, plus instruit sans doute que ceux qui nous avaient fuis, reconnut notre machine pour un ballon, et nous envoya bien vite sa chaloupe. Ses matelots nous jetèrent un gros câble, que nous attachâmes à la galerie, et au moyen duquel on nous hissa, exténués et mourants. Le ballon, ainsi allégé ne tarda pas à s'élever encore dans les airs, malgré tous les efforts des mariniers qui voulaient l'attirer à eux. La chaloupe était fortement secouée; le danger devenait très-imminent, et les matelots se hâtèrent de couper la corde. Aussitôt le globe remonta avec une rapidité incroyable et se perdit dans les nuages où il disparut tout à fait à notre vue. Il était huit heures du matin quand nous arrivâmes à bord du vaisseau. Grassetti était comme mort, à peine donnait-il encore quelques signes de vie. Il avait les mains mutilées; le froid, la faim et ces angoisses horribles m'avaient totalement épuisé. Le brave marin qui commandait ce navire fit tout ce qui dépendit de lui pour nous restaurer. Il nous conduisit heureusement au port de Ferrada, d'où l'on nous transporta à Pola, où nous fûmes accueillis de la manière la plus affectueuse et où un habile chirurgien fit l'amputation de mes doigts. »

II

Un aéronaute de 1791.

Les faits et gestes de l'aérostation offrent de temps à autre des documents d'un intérêt particulier, en ce qu'ils révèlent certaines dispositions d'esprit suscitées par les préoccupations du temps et nous reportent à des jours mémorables. Quelques-uns de ces documents sont de naïfs miroirs où viennent se refléter les apparences plus ou moins éclatantes de l'époque. Parmi les types de ce genre, nous citerons entre autres le « procès-verbal *très-intéressant* (c'est écrit) du *voyage aérien* qui a eu lieu aux Champs-Élysées *le* 18 *juillet* 1791, jour de la proclamation de la Constitution, » Paris, *au Patriote français*, dans lequel nous voyons l'aéronaute se mettre en chemise à 12,000 pieds d'élévation et lire à haute voix la Déclaration des droits de l'homme! Goûtons un peu le caractère *sui generis* de ce type.

« A la gloire de la nation française, au nom et sous les auspices de la municipalité de Paris, le deuxième jour du troisième mois de l'an troisième de la Liberté, et de l'ère vulgaire, le 18 septembre 1791, jour de la proclamation de la Constitution, à cinq heures trois quarts de l'après-midi !...

« Après avoir éprouvé tous les tourments *d'un homme pressé*, et jaloux de répondre à l'attente d'un heureux succès, mon ballon de 30 pieds de diamètre aux trois quarts plein, représentant, sous quatre médaillons couronnés par des génies : la Liberté, l'Amour de la Patrie, la France et la Loi.

« Ma gondole, sous la figure d'un coq, de onze pieds de long, sur trois de large et trois de haut, emportant avec moi environ deux cent vingt livres de lest, une ancre, une boussole, une foule d'exemplaires de la Constitution, un morceau de pain, une bouteille de vin, deux cuisses de volaille, mon *énergie* d'environ 60 livres, le vent ouest...

« Je me suis élevé à l'extrémité des Champs-Élysées, au milieu de la tempête, à l'*admiration* de tout Paris assemblé. Debout, découvert, tenant la Constitution à la main, j'ai passé en ligne droite sur les Champs-Élysées, les Tuileries, le Louvre, la rue et le faubourg Saint-Antoine! Un peuple immense, depuis Chaillot et les lieux que je parcourais, m'accompagnait de ses applaudissements ! J'étais à 1,500 pieds à peu près de haut; la région était froide; les nuages se précipitaient avec force les uns les autres; le vent augmentait de distance en distance. Tout à coup j'entends le canon, les cris de joie succèdent; il se répand autour de moi une sorte de magnétisme; mes sens sont enivrés; mon ballon, entouré de nuages, s'élève avec majesté; ma gondole ressemble à une gloire, le tableau de la nature ajoute à mon ravissement; je regarde : et je vois Paris, Boulogne, Versailles, les forêts de Saint-Germain, l'Isle-Adam; dans les lointains, Saint-Léger et Chantilly; au-dessous, Vincennes,

Bondy; en avant, Armainviller; des deux côtés, les forêts de Crécy, de Sénart et de Fontainebleau, les rivières de Seine et Marne, une foule de villages et d'étangs; tout semblait soumis à mon empire!!! Elevé à 4,000 pieds à peu près, le vent était là nord-ouest, la région chaude, et le soleil encore caché ne le fut plus pour moi.

« Dégagé des secousses de la tempête, la douceur du calme pénétra mon âme d'admiration; comme les hommes sont petits, me disais-je! Que ne sont-ils isolés comme moi dans ce grand vide! C'est ici qu'on se fait une idée de la majesté du Créateur; tout se rapporte à lui.

« *J'allais devenir rêveur;* je jetai plusieurs exemplaires de la Constitution, je les vis voltiger; mon ballon craque... je regarde... il était tendu comme un tambour; la dilatation était grande et mes appendices fort éloignés de moi. Embarrassé, j'aperçois les dangers d'une explosion; je me mets en chemise, je monte dans le filet; je délie avec peine le premier appendice; je me sers de mes dents pour venir à bout du second, j'y parviens : mais après avoir été longtemps suspendu, et avec la plus grande peine. J'étais alors à 10,000 pieds environ; l'ascension était excessive, l'air inflammable sortait avec éclat; la région était tempérée ; un bruit sourd continuait; je distinguais encore quelques bravos...

« Devenu plus tranquille à mesure que l'air inflammable cessait de pétarder, l'ascension moins rapide, je jetai les yeux sur Paris; les nuages, bien au-dessous de moi, couraient avec la plus grande force; quelques-uns étaient noirs, mais pas assez épais pour que je ne visse pas la terre : le lieu d'où j'étais parti était d'une couleur blanchâtre; j'entendis quelques coups de canon. Parfaitement à mon aise, je mangeai un morceau de pain, je pris ma bouteille, *je bus à la santé* et à la liberté de tous les peuples de l'univers. Arrivé à 12,000 pieds à peu près, il était six heures, j'acquittai là, au nom de tous les Français, le devoir d'un patriote courageux et intrépide; *je lus à haute voix* la Déclaration des droits de l'homme; l'Éternel reçut mon serment, et je descendis en jetant çà et là des exemplaires de la Constitution!!!

« Une bourrasque me jette sur les bois d'Armainviller; je les *appréhende*, ainsi que les étangs qu'ils renferment; je jette beaucoup de lest et remonte en droite ligne. Arrivé à 6,000 pieds environ, j'éprouve de la *dilatation;* il était 6 heures 1/4 : je revois Paris avec plaisir, j'entends de nouveau le canon; je vois un feu brillant au-dessous de moi : je monte, je revois le soleil; j'ouvre un appendice, je descends, je quitte le soleil, et je reste à planer sur un château près Crécy; des personnes qui se promenaient dans les jardins m'ont prié de descendre; je leur ai répondu qu'il n'était pas temps; j'avais promis à la municipalité de faire au moins dix lieues!..

« Descendu extrêmement bas sur diverses fermes et très-près des maisons, plusieurs femmes eurent peur et se sauvèrent; plus loin, d'autres, moins effrayées, crièrent, me demandèrent qui j'étais, d'où je venais, où j'allais : je leur répondis, en leur jetant des exemplaires de la Constitution, que j'en étais le messager, que je venais de Paris. Hommes, femmes, enfants, tous coururent après moi. J'entends : « Vous devez avoir froid; descendez, vous boirez avec nous, cela vous réchauffera. » Les jeunes filles prennent la queue du coq pour des rubans; elles crient : Envoyez-nous donc des rubans à la maison. J'eusse voulu en avoir ma pleine gondole. Je disparus comme un éclair : bonsoir, bonsoir!

« Je m'élève et suis porté par un courant d'air sur la petite ville de Rozay; un peuple nombreux me dit de descendre; cela n'était pas commode; je jetai le reste des exemplaires de la Constitution. Le vent me pousse encore sur les bois; je suis agité, je crains la nuit, je m'élève, je descends; je passe sur le village de Breuil; les filles dansaient, les bergers revenaient des champs; mon aérostat fait peur aux animaux. Bœufs, vaches, moutons, chiens, canards, tout fait un vacarme épouvantable, crient papa, maman; tout le village se soulève... et j'avais tout à craindre.

« Disparu rapidement, je me trouve entre des bois et des collines; je veux parler, ce que je dis est répété jusqu'à trois fois; je crus d'abord qu'on se moquait de moi; je reconnus ensuite que c'était un écho. »

Etc., etc. La dernière péripétie de ce voyage, c'est que le fameux aéronaute tomba à 15 lieues de Paris, à Gastin, en Brie, déchiré, moulu, sans chapeau, « fait comme un diable, » et qu'il fut sur le point de passer la nuit à la pluie, attendu que nul n'osait lui ouvrir sa porte.

CHAPITRE VII

Suite de l'histoire. — Garnerin. — Parachutes. — Ballon du Couronnement. — L'aérostation dans les fêtes publiques.

Le 1er brumaire an VI (22 octobre 1797) à 5 heures 28 minutes du soir, dit l'astronome Lalande, le citoyen Garnerin s'éleva à ballon perdu au parc de Monceau; un morne silence régnait dans l'assemblée, l'intérêt, l'inquiétude étaient peints sur les visages. Lorsqu'il eut dépassé la hauteur de 350 toises, il coupa la corde qui joignait son parachute et son char avec l'aérostat. Ce dernier fit explosion et le parachute dans lequel le citoyen Garnerin était placé descendit très-rapidement : il fit un mouvement d'oscillation si effrayant qu'un cri d'épouvante échappa aux spectateurs, et des femmes sensibles se trouvèrent mal. Cependant le citoyen Garnerin descendit dans la plaine de Monceau, il monta à cheval sur-le-champ et revint au parc de Monceau au milieu d'une foule immense qui marquait son admiration pour le talent et le courage de ce jeune aéronaute. En effet, le citoyen Garnerin est le premier qui ait osé entreprendre cette expédition hasardeuse. Il en avait conçu le projet dans la prison de Bude, en Hongrie, où il fut longtemps prisonnier d'Etat à la suite du sanglant combat de

Marchieux en 1793. Lalande ajoute qu'il alla annoncer ce succès à l'Institut national, qui était assemblé, et qu'on l'entendit avec un extrême intérêt.

Robertson fit à Vienne, en 1804, une expérience de descente en parachute, dont il recueillit la gloire sans s'être lui-même exposé à son péril. Il fit les préparatifs de l'ascension publique en aérostat. Son élève, Michaud, se plaça dans la gondole et se laissa emporter.

Il céda, dit-il, dans cette occasion, aux instances d'un jeune homme, qui, s'étant constitué son élève, le supplia de le laisser débuter devant une assemblée encore nombreuse, et qui, plusieurs fois dans la suite, occupa une place dans sa diligence aérienne. Robertson avait imaginé un léger perfectionnement au parachute; la gondole, très-petite, était entourée d'un drap de soie qui devait, au moment où l'aéronaute se précipiterait, se déployer aussi, opposer sa surface à l'air et former ainsi comme un second parachute.

Le physicien conduisit tous les préparatifs avec bonheur. M. Michaud n'eut qu'à se placer dans la gondole et à se laisser emporter. Des applaudissements et des acclamations s'élevèrent de toutes parts. On ne perdit pas de vue le voyageur. Il avait déjà fui à neuf cents pieds de la terre, lorsque le signal de se détacher du groupe aérostatique lui fut donné par un coup de canon. Il coupa les deux cordes qui le retenaient à son conducteur et lui permit de continuer seul, au milieu de ces hautes contrées, un essor vagabond. Pour lui, la loi de la gravitation le rappelait en bas. La chute fut d'abord rapide; mais les deux parachutes s'ouvrirent bientôt simultanément, et offrirent un ensemble majestueux. En quelques secondes, l'aéronaute eut parcouru l'intervalle qui le séparait de l'assemblée, et se trouva comme posé sur le sol à peu de distance du lieu d'où il était parti, dans le *Prater*, et au milieu des plus vifs témoignages de satisfaction.

Ce spectacle avait paru extraordinaire; il attira à Robertson des compliments de tous côtés, et de riches présents de la cour.

Ballon du couronnement de Napoléon.

Panem et circenses! s'écriaient les Romains du siècle d'Auguste. Le peuple de Paris, si l'on se porte surtout à l'époque où « Rome remplaçait Sparte » a fêté chaleureusement les épopées de l'histoire; il a gardé le souvenir des grandes fêtes de la Révolution, du Consulat et de l'Empire.

Les ballons ont joué un grand rôle dans ces fêtes. La période révolutionnaire a été pour eux une magnifique époque.

Jacques Garnerin avait assisté et même pris une part active aux premières phases révolutionnaires; sa vie entière fut une conséquence des premiers principes, des premières impressions qu'il reçut, pour ainsi dire, en naissant. Il avait joué un rôle brillant comme aéronaute sous le Directoire, le Consulat et l'Empire; ce fut lui qui fut chargé, lors du couronnement de l'empereur Napoléon Ier, de l'enlèvement d'un énorme ballon, au milieu d'un des feux d'artifices splendides qui furent tirés à Paris dans la soirée du 16 décembre 1804.

Un épisode bizarre de cette curieuse expérience va nous révéler l'esprit de fatalisme dont était entaché le caractère de Napoléon Ier. Nous suivons ici le récit de l'aéronaute Dupuis Delcourt. L'*homme du destin* croyait à la destinée de l'homme, il ne se fiait qu'à son étoile; et du faîte de sa grandeur, le nouvel élu, sacré empereur et roi par un pape, voyait un présage de malheur dans une circonstance fortuite, insignifiante pour tout autre que pour lui, de l'expérience dont nous allons conter l'histoire : tout ici est véridique, nous écrivons pièces en main.

Il s'agissait d'un *ballon perdu,* comme on disait alors, c'est-à-dire d'une machine aérostatique s'élevant seule et se dirigeant au gré des vents. Ce ballon devait s'élever le soir au milieu du feu d'artifice, et emporter dans les airs une couronne impériale illuminée en verres de couleurs.

La fête donnée par la ville de Paris à Leurs Majestés impériales et royales était un peu partout : aux Champs-Elysées, à la barrière du Trône, sur la place de l'Hôtel de Ville; sur la rivière dans toute la partie comprise entre l'île Saint-Louis et le pont Notre-Dame, un immense feu d'artifice était préparé. Il représentait le *Passage du mont Saint-Bernard;* Garnerin s'était installé avec son ballon sur la place du Parvis Notre-Dame, devant le portail de l'église. A onze heures du soir, au moment où le bouquet du feu d'artifice faisait éclater dans l'air ses cent mille étoiles, Garnerin abandonnait aux vents sa colossale machine. On voyait s'élever lentement, avec majesté une couronne éclairée par trois mille verres de couleur; c'était un magnifique spectacle; mais qui se doutait alors du chemin, qu'allait faire ce ballon, de la route qu'il prendrait et de la sensation que produirait cette expérience!

Cependant le ballon cheminait par les airs. Le lendemain matin, à la pointe du jour, les habitants de Rome virent poindre à l'horizon un globe radieux qui s'avançait et semblait venir descendre sur la ville. L'émotion fut grande; il plana bientôt au-dessus de la coupole de Saint-Pierre et du Vatican, veufs l'un et l'autre du descendant de Saint-Pierre; puis il s'abaissa, toucha le sol pour se relever, baissa encore, marqua par des débris son passage dans la campagne de Rome, et vint enfin s'abîmer dans les eaux du lac Bracciano.

Alors on put savoir ce qu'annonçait ce message céleste. On le tira de l'eau et l'inscription suivante, tracée en lettres d'or sur sa vaste circonférence, fut imprimée, publiée, lue par toute l'Italie : « Paris, 25 frimaire an XIII, couronnement de l'empereur Napoléon Ier par S. S. Pie VII. »

Si le vent souffla ce jour-là dans la direction de l'Italie, le hasard seul en fut la cause, et l'expérience n'eut au fond de remarquable que la longueur du trajet parcouru par le ballon, et la célérité avec laquelle il s'était accompli.

Il y avait néanmoins quelque chose de providentiel dans ce ballon porté miraculeusement de Paris à Rome, et visitant en un jour les deux capitales du monde, alors que le pape était à Paris, alors que l'empereur s'occupait déjà de poser sur sa tête la couronne d'Italie.

Une circonstance fort indifférente en elle-même, d'ailleurs, vint cependant donner, aux yeux de Napoléon Ier, une haute importance, une tournure politique, le croirait-on? au passage de ce ballon perdu.

Le ballon, en rasant la terre, avait rencontré dans les environs de Rome le *tombeau de Néron*. Il s'y était accroché, et pendant quelques minutes, on put croire qu'il avait terminé sa course; mais bientôt, poussé par le vent, il avait continué sa route, laissant toutefois à l'un des angles du monument une partie de sa couronne. Les journaux italiens, qui n'étaient pas soumis à une censure aussi rigoureuse que les feuilles françaises, racontèrent innocemment la chose; certains y ajoutèrent, néanmoins, des réflexions malicieuses, dés-

Fête du Couronnement (1804). Ballon avec aigle.

obligeantes pour l'*Empereur*. Enfin, cela vint aux oreilles du maître; on alla jusqu'à en parler un jour, devant lui, à un de ses levers. Napoléon Ier témoigna hautement son mécontentement et demanda avec humeur qu'il ne fût plus question du ballon de Garnerin.

Celui-ci cessa d'être employé par le gouvernement. Madame Blanchard le remplaça dans la confiance dont il avait joui jusqu'alors, et fut chargée de toutes les ascensions qui eurent lieu dans les fêtes publiques.

Le ballon du couronnement fut suspendu à la voûte du Vatican de Rome, où il resta jusqu'en 1814, accompagné d'une inscription rappelant son voyage et sa descente miraculeuse, moins la circonstance du tombeau.

La préoccupation des voyages aériens avait été délaissée sous l'Empire pour des hochets plus sanglants. Nous ne trouvons guère d'ascensions publiques que dans les grandes circonstances : le 24 juin 1810, jour du mariage de l'empereur, la garde impériale offre une fête à Napoléon Ier. Madame Blanchard s'élève en ballon sous les yeux de l'Empereur assis au balcon de l'Ecole militaire.

Le 3 mai 1814, Louis XVIII entre solennellement à Paris. C'est du pont Neuf que sont prises toutes les vues. Un magnifique ballon traverse le ciel.

Le 29 août 1814, la ville de Paris offre une fête au roi restauré en réjouissance du rétablissement du trône. Des animaux de toutes les espèces, en baudruche, parcourent le ciel.

Garnerin occupe le public, et sa renommée succède à celle de Blanchard dont les ascensions ont visité toutes les capitales de l'Europe. Le 25 octobre 1815, nous lisons sur une affiche monstre de mademoiselle Garnerin une adresse au public « tant de fois abusé par les promesses mensongères de ces aérostiers, entrepreneurs de voyages aériens, manipulateurs inhabiles, etc. L'aérostation est complétement tombée dans le domaine de la spéculation. »

Depuis ce temps, l'enlèvement d'un ballon est devenu le couronnement obligé des fêtes publiques.

CHAPITRE VIII

Un voyage de nuit en ballon.

Il est probable qu'à l'origine de la navigation, les hommes, avant d'inventer les rames et les voiles, se sont servis longtemps de troncs d'arbre sur lesquels ils s'abandonnaient ainsi au souffle de l'air. Telle est l'industrie de certains mollusques qui, étant dépourvus d'organes actifs de locomotion, viennent prendre position à la surface de la mer, où le vent et les courants les font voyager d'un lieu à l'autre. Les aérostats offrent un rapport avec ces esquifs et présentent un avantage considérable sur les radeaux dont nous venons de parler; c'est que, bien que nous n'ayons pas trouvé le moyen de leur imprimer la direction qui nous plaît, nous pouvons cependant, en jetant une partie de leur lest, les forcer à s'élever, et en faisant couler une partie de leur gaz, les forcer à s'abaisser. Or, comme il arrive fréquemment qu'il y a des vents différents aux différentes hauteurs de l'atmosphère, on peut dès lors tenter d'élever ou d'abaisser la machine jusqu'à ce que l'on arrive dans un courant d'air qui la conduise dans la direction désirée. A la vérité, on ne saurait avoir la certitude de trouver toujours un tel courant, mais c'est quelque chose que d'en avoir au moins la chance.

Aussi la navigation aérienne, même dans son état actuel, où elle est dans la stricte dépendance du vent, serait-elle déjà susceptible de rendre aux hommes quelques services pour leurs communications lointaines.

La navigation aérienne ne paraît pas possible avec les ballons, jouets de l'atmosphère, et doit être cherchée dans des engins plus lourds que l'air. Mais dans les limites précédentes de longs voyages sont déjà possibles; nous croyons que l'on ne lira pas sans profit et sans plaisir quelques détails sur l'un des plus beaux voyages de ce genre, celui que Green a exécuté en 1836, pour se rendre de Londres en Allemagne. Ce voyage, d'environ 200 lieues, est le plus long que les hommes aient encore accompli par la voie nouvelle que le génie de notre illustre compatriote a ouvert.

Green partit de Londres le 7 novembre 1836. Il avait avec lui deux compagnons de voyage, Mollond et Monk-Mason. Ignorant pour quelles régions du globe il partait, puisque celui qui conduit les vents en avait seul le secret, il s'était muni de passeports pour tous les États de l'Europe, et d'une quantité de vivres suffisante pour pouvoir demeurer quelque temps sur la mer s'il était jeté de ce côté. A une heure et demie le ballon s'éleva majestueusement, et, entraîné par un courant modéré, il se dirigea au sud-est au-dessus des riches plaines du comté de Kent. A 4 heures, les voyageurs commencèrent à distinguer la mer. Toute resplendissante des feux du soleil couchant, elle bordait l'horizon dans la direction vers laquelle l'aérostat, poussé par un vent assez vif, marchait rapidement. Il y eut cependant un moment d'inquiétude : on reconnut à la boussole que le vent, au lieu de demeurer au nord-ouest, remontait sensiblement vers le nord, ce qui allait jeter le ballon au-dessus de la mer d'Allemagne, et justement à la tombée de la nuit. L'aéronaute prit aussitôt son parti. Le ballon, débarrassé d'une partie de son lest, s'éleva, au commandement du pilote, dans les régions supérieures de l'atmosphère. Un nouveau courant, le ramenant en arrière et dans une direction meilleure, le conduisit en quelques minutes au-dessus du Douvres, et là il s'engagea au-dessus de la mer pour traverser le détroit.

«Il était 4 heures 48 minutes, dit un des voyageurs, quand nous vîmes la première ligne des vagues se briser sur la plage au-dessous de nous, et nous pûmes dire que nous avions véritablement quitté les côtes de notre pays pour commencer notre voyage au-dessus des régions jusqu'ici si redoutables sur la mer. Il aurait été impossible de ne pas se sentir ému à la grandeur du spectacle qui s'offrait alors à nos yeux. Derrière nous, la ligne des côtes d'Angleterre avec ses falaises blanches à demi-perdues dans l'obscurité, brillant de l'éclat des lumières qui augmentaient à chaque instant, parmi lesquelles le feu de Douvres se fit remarquer pendant longtemps et nous servit de jalon pour calculer la direction de notre marche. Au-dessous, de chaque côté, l'Océan nous offrait un espace non interrompu de vagues entrelacées, s'étendant aussi loin que les ténèbres de la nuit, couvrant déjà l'horizon, permettaient à la vue de descendre. Vis-à-vis nous, une barrière de nuages épais, semblable à une muraille, surmontée dans toutes ses coupures d'une manière bizarre de parapets, de tours, de bastions, s'élevait de la mer et paraissait placée là pour nous en barrer le passage. Peu de minutes après, nous étions déjà dans les fleuves humides, enveloppés dans une obscurité qui augmentait en raison des vapeurs qui nous entouraient et de la nuit qui avait commencé.

Nous n'entendions plus aucun son. Le bruit des vagues battant sur la côte d'Angleterre avait cessé, et notre position nous éloignait depuis longtemps de tous les bruits de la terre. »

En une heure, le détroit fut franchi. La barrière de nuages était dissipée, le feu de Calais brillait sous les voyageurs, et le bruit éloigné du tambour de la ville montait jusqu'à eux. — « L'obscurité, continue le narrateur, étant alors à son comble, ce n'était que par les lumières, tantôt isolées et tantôt réunies qui se montraient de tous côtés au-dessous de nous, que nous pouvions espérer d'obtenir connaissance de la nature du pays que nous traversions, et nous former une idée des villes et des villages que chaque moment présentait à nos regards. La scène qui suivit alors surpassa toute description. La surface entière de la terre, sur plusieurs lieues à la ronde, aussi loin que l'œil pouvait porter, n'offrait que les lumières éparses d'une population qui veillait, et déployait à nos pieds une plaine qui semblait rivaliser avec les feux plus éloignés de la voûte céleste. A chaque instant, pendant la première partie de la nuit, avant que les hommes ne fussent livrés au repos, de grandes masses de lumières nous indiquant l'existence d'une population nombreuse, se découvraient à l'horizon et nous donnaient l'idée d'un incendie lointain. A mesure que nous approchions, cette masse confuse d'éclairage paraissait augmenter, et se répandait sur un plus vaste espace, jusqu'à ce que, parvenus directement au-dessus, elle semblait se diviser en différentes parties, et se prolongeant en rues, ou se partageant de diverses manières en carrés, nous dessinait le plan exact d'une ville, diminuée seulement d'après l'élévation plus ou moins grande où il arrivait que nous fussions alors. Il serait difficile de donner une idée quelconque de l'effet qu'une pareille scène, dans une pareille circonstance, devait nécessairement inspirer. Se trouver transporté dans les ténèbres de la nuit, au milieu des vastes solitudes de l'air, inconnu et inaperçu, en secret et en silence, traversant des royaumes, explorant des territoires, regardant des villes qui se succédaient avec une rapidité qui ne permettait pas de les examiner en détail, en voilà assez pour rendre sublimes des scènes qui auraient eu en elles-mêmes moins d'intérêt. Si l'on ajoute à cela l'incertitude qui commença à régner dans notre voyage, incertitude qui, augmentant à mesure que nous avancions dans la nuit, couvrait tout des voiles du mystère et nous mettait dans un embarras pire que l'ignorance même, ne sachant où nous étions, quels étaient les objets que nous tâchions de découvrir, on pourra se faire quelque idée de notre singulière position. »

Le ballon, entraîné par le vent qui lui faisait faire plus de dix lieues à l'heure, traversa ainsi une partie notable du continent européen. Vers minuit, il se trouva au-dessus de Liége. Située au centre d'un canton très-peuplé, remplie d'usines de toutes espèces et particulièrement de forges et de hauts fourneaux, cette ville était toute éblouissante de lumières. On distinguait aux feux du gaz, dont cette ville est si splendidement illuminée, les rues, les places publiques, les grands édifices. On entendait même le vague murmure de la population livrée dans le fond de l'abîme à ses travaux, à ses occupations, à ses plaisirs. Mais l'heure de minuit est l'heure à laquelle presque toutes les lumières s'éteignent sur la terre. Bientôt les voyageurs n'aperçurent plus rien ; tout était rentré dans la nuit et dans le silence. De nouvelles et profondes impressions attendaient les voyageurs. « Jusqu'au point du jour, dit M. Mason, tout ce qui se passa se sentit de l'intensité de la nuit. L'aspect de la nature étant entièrement caché à nos yeux, nos observations durent se borner à un recueil de sensations mêlées de conjectures vagues, et enveloppées des mystères que l'obscurité et l'incertitude ne pouvaient manquer de jeter sur notre expédition. La lune ne se montra pas. Le ciel, toujours plus sombre quand on le regarde des régions supérieures qu'il ne paraît aux habitants d'en bas, nous semblait noircir encore davantage tant les ténèbres étaient épaisses. D'un autre côté, par un singulier contraste, les étoiles redoublant d'éclat brillaient au ciel comme des étincelles semées sur la voûte d'ébène qui nous environnait. Dans le fait, rien ne pouvait excéder l'intensité de la nuit qui régnait pendant cette partie de notre voyage. Un abîme noir et profond nous entourait de tous côtés; et, comme nous tâchions de pénétrer dans ce gouffre mystérieux, nous avions de la peine à nous défendre de l'idée que *nous nous formions un passage à travers une masse immense de marbre noir* dont nous étions enveloppés, et qui, solide à quelques pouces de nous, paraissait s'amollir à notre approche afin de nous laisser parvenir plus avant dans ses flancs froids et obscurs. Les feux de bengale que de temps en temps nous lancions de la nacelle, au lieu de diminuer les ténèbres, ne faisaient que les augmenter, et à mesure qu'ils descendaient, on eût dit qu'ils se frayaient leur chemin par la chaleur qu'ils répandaient autour d'eux. »

On sait que les aérostats, même dans leur plus grande vitesse, n'éprouvent pas le plus léger balancement. Rien n'avertit, surtout la nuit ou dans les nuages, que l'on est en mouvement; l'immobilité est parfaite. Que l'on joigne donc à cet effet l'effet de l'obscurité, celui du silence, celui d'un froid de dix degrés, celui de l'ignorance de l'endroit où l'on est, le doute d'être ramené par le froid trop près de terre, d'avoir devant soi quelques hautes chaînes de montagnes contre lesquelles on peut heurter, enfin le sentiment de cette suspension au-dessus de la terre, on comprendra la vague et monotone préoccupation d'un tel voyage.

Il y avait plus de trois heures que nos voyageurs étaient dans cet état; la hauteur de l'aérostat, calculée à l'aide du baromètre, se trouvait de plus de douze mille pieds : il n'y avait donc à craindre aucune rencontre fâcheuse, quand tout à coup une explosion soudaine se fait entendre, la soie s'agite, la nacelle éprouve une violente secousse et semble prête à s'engloutir dans l'abîme. Une seconde explosion, une troisième se succèdent, accompagnées chaque fois de cet ébranlement épouvantable de la nacelle. Que l'on se figure l'effroi des voyageurs, ne sachant à quoi attribuer ces mouvements étranges! comment se préserver, se voyant déjà en chemin vers la terre? Et puis tout cesse, tout redevient tranquille, tout rentre dans le calme accoutumé, et il ne reste rien de cette crise. Il ne fut pas difficile aux voyageurs de conjecturer que, le ballon s'étant enlevé trop haut, la force d'expansion du gaz avait naturellement tendu à s'élargir, et que le filet, rempli d'humidité et raidi par la gelée, n'avait pu céder à cette impulsion que par saccades. Ils en furent quittes pour la peur. Enfin, les premières lueurs du matin, si lentes à se développer et si confuses en novembre, commencèrent à dissiper la force des ténèbres. « De temps en temps, continue M. Mason, de grandes masses écumeuses de nuages, occupant les basses régions de l'atmosphère et couvrant toute la terre d'un voile blanchâtre, interceptaient notre vue et nous laissaient quelque temps dans l'indécision si ce n'était pas une suite de ces mêmes plaines couvertes de neiges que nous avions déjà remarquées. De ces masses de vapeurs, plus d'une fois, pendant la nuit, il paraissait sortir un bruit qui ressemblait tellement à une immense chute d'eau ou à des vagues se brisant sur une grande étendue de côtes, qu'il nous fallait toute la force du raisonnement, jointe à une connaissance certaine de la direction de notre route, pour détruire l'idée que nous approchions de la mer, et que, poussés par le vent, nous étions transportés vers les rives de la mer du Nord ou près d'atteindre les plages plus éloignées de la mer Baltique. A mesure que le jour approcha, ces symptômes disparurent. Au lieu de la surface unie de la mer nous découvrîmes graduellement l'aspect irrégulier d'un pays cultivé, au milieu duquel coulait un fleuve majestueux, qui, après avoir partagé le paysage, se perdait dans des directions opposées au milieu des vapeurs qui bordaient encore notre vue à l'horizon. » Ce fleuve majestueux, c'était le Rhin. Mais nos voyageurs ne connaissaient pas assez bien l'Europe pour reconnaître, rien qu'à l'aspect, au-dessus de quelle partie de ce vaste territoire ils se trouvaient transportés. Ne sachant avec quelle vitesse le vent avait pu les conduire, ils n'avaient aucun moyen de sortir de leur incertitude. La grande étendue de plaines couvertes de neige au-dessus desquelles ils avaient passé, la ressemblance de ces plaines avec l'idée qu'ils se faisaient de la Pologne, leur fit craindre un instant d'avoir été emportés si loin en Europe. Ils se déterminèrent donc, la localité paraissant favorable pour effectuer une descente, à la tenter. Après s'être abaissés en donnant issue au gaz, ils jetèrent l'ancre.

Il était alors sept heures et demie du matin. Alors seulement les habitants, qui jusqu'alors s'étaient tenus à l'écart, examinant du fond d'un taillis les manœuvres de ces étranges voyageurs, commencèrent à venir en foule de tous côtés. Quelques mots d'allemand dissipèrent leurs craintes, et, revenant de leur première méfiance, ils s'empressèrent bientôt de prêter main forte aux voyageurs. Ceux-ci virent alors que le lieu dans lequel ils venaient de descendre appartenait au duché de Nassau. La ville de Wiberg, où Blanchard, lors de son ascension à Francfort, en 1785, était déjà descendu, n'était, par un singulier hasard, qu'à deux lieues de là. Une réception d'honneur y fut faite aux trois aéronautes, qui déposèrent par reconnaissance, dans les archives du palais ducal, à côté de celui de Blanchard qui y était déjà, le pavillon qui avait orné leur nacelle dans cette course aventureuse. « Ainsi se termine, dit le narrateur que nous avons suivi, une expédition qui, soit que l'on envisage l'étendue de pays qu'elle parcourut, soit la durée du temps employé à l'exécuter, soit le résultat de l'expérience qui en faisait l'objet, peut à juste titre être considérée comme l'une des plus intéressantes et des plus importantes du même genre qui aient encore été réalisées. Il serait sans fin et sans utilité d'examiner tous les endroits remarquables que nous avons visités ou approchés. Une portion considérable de cinq Etats de l'Europe, l'Angleterre, la France, la Belgique, la Prusse et le duché de Nassau; une longue suite de villes, Londres, Rochester, Cantorbéry, Douvres, Calais, Ypres, Courtray, Lille, Tournay, Bruxelles, Namur, Liége, Spa, Malmédy, Coblentz, et une foule innombrable de bourgs et de villages, vinrent se présenter successivement dans notre horizon. La meilleure réponse que l'on pourrait donner à ceux qui seraient disposés à critiquer l'emploi de la méthode que nous avons suivie ou à douter de son effet, sera que, par ce moyen, après avoir parcouru sans empêchement, sans danger ni difficulté, une si grande partie du continent européen, nous avons pu arriver à notre but en conservant encore assez de force pour continuer notre course, si nous l'eussions voulu, autour du globe entier[1]. »

[1] Voy. le *Magasin pittoresque*, t. VIII, p. 178.

CHAPITRE IX

L'aérostat LE GÉANT.

Nous franchissons d'un trait toutes les années qui n'offrent pas d'intérêt à l'histoire de l'aérostation.

Tout le monde se souvient de la mémorable ascension du dimanche 18 octobre 1863, de l'aérostat colossal[1] dont le filet emportait une véritable maison à deux étages, du départ majestueux des passagers aux acclamations d'un demi-million d'hommes, de leur voyage aérien au-dessus de l'est de la France, de la Belgique, de la Hollande, et de leur chute désastreuse en Hanovre, le lendemain de leur départ. La construction d'un ballon aussi gigantesque et aussi perfide, dont le volume offrait aux divers courants aériens une surface énorme, proie impuissante des colères de l'atmotsphère, était une entreprise téméraire, remettant la vie des voyageurs à la discrétion d'un terrible et invincible fantôme. Il est difficile à comprendre qu'une grande partie du public, se méprenant étrangement sur le but du spectacle organisé au Champ de Mars, se soit imaginé qu'il s'agissait là d'un ballon dirigeable. De tous les aérostats construits depuis Montgolfier, le *Géant* était sans contredit le plus rebelle et le plus étranger à toute tentative de direc-

[1] Il cubait six mille mètres.

tion. Le but de la conception et de l'exécution de ce monstre formidable, qui bientôt allait traverser les airs avec une rapidité qui laisse loin derrière elle le vol des aigles et des condors; la raison d'être de ce phénomène sans précédent, c'était simplement de réunir les fonds nécessaires à l'établissement d'une « Association libre pour la navigation aérienne, au moyen d'appareils *plus lourds que l'air,* » et à la construction d'appareils organisés sur ce principe. Le premier capital d'essais devait être fourni par les recettes produites par les ascensions et exhibitions successives de cet aérostat monstre. Jusqu'à présent, cette idée est restée sans effet, attendu que les frais directs et indirects de construction se sont élevés à la somme ronde de 200,000 francs, et que les deux ascensions de Paris et l'exhibition de Londres n'ont produit qu'une recette de 79,000 francs. M. Nadar a donc grandement lieu de s'étonner de la naïveté de ceux qui viennent encore aujourd'hui lui demander s'il dirigera bientôt son ballon.

Les limites de cet opuscule ne nous permettent pas de présenter ici les phases que vient de subir cette idée non absurde de l'automotion aérienne à l'aide d'appareils plus lourds que l'air. Ceux qui pensent avec Arago que le mot *impossible* n'existe pas en dehors des mathématiques pures, et ceux qui regardent en avant au lieu de s'endormir dans le passé, applaudissent à la grande et généreuse idée qui dicta le manifeste de l'autolocomotion aérienne au fondateur de l'association dont nous venons de parler. Nous nous bornerons ici, et nous nous ferons un devoir de rapporter quelques-unes des paroles prononcées sur ce sujet par M. Babinet à l'Association polytechnique.

« La théorie de la direction des ballons est absurde, dit-il. Comment faire?

« Comment faire résister et manœuvrer contre les courants des ballons comme le *Flesselles*, par exemple, qui mesurait 120 pieds de diamètre? Il faudrait une force de 400 chevaux pour mettre en lutte à peu près égale avec le vent une voile de vaisseau. Supposez, ce qui est impossible, qu'un ballon pût emporter avec lui une force de 400 chevaux et, ce grand effort ne servirait absolument à rien, car vous appréciez tout de suite que, sous cette pression, votre ballon s'écraserait dans sa fragile enveloppe.

« Supposez tous les chevaux d'un régiment attachés par une corde à la nacelle d'un ballon, vous obtiendriez pour tout résultat de voir voler en éclats votre ballon.

« C'est tout à fait ailleurs que l'homme doit chercher les moyens de s'élever, ce qui veut dire en même temps de se diriger dans l'air.

« J'ai vu et acheté autrefois chez Giroux, marchand de jouets, alors rue du Coq, un joujou, qui était alors fort à la mode et s'appelait *stropheor*. Ce joujou se composait d'une petite hélice libre se détachant de son support sous le jeu d'une ficelle enroulée et rapidement tirée. L'hélice était assez lourde, pesant bien un quart de livre, et ses ailes étaient en fer-blanc plein très-épais. Cette hélice ne volait pas impunément : son essor était si violent dans les appartements que souvent elle allait briser la glace de la cheminée; mais cet inconvénient n'arrêtait pas les amateurs, parce que généralement, au moment où la glace volait en éclats, il fallait courir à l'enfant, dont l'œil était crevé du même coup. — La force d'ascension est telle que j'en ai vu un passer par-dessus la cathédrale d'Anvers, qui est un des monuments les plus élevés du globe. L'air de dessous est aspiré et fait le vide en passant sous les élytres, tandis que l'air de dessus les remplit et fait donc le plein, et par ce double effet l'appareil monte.

« Mais le problème n'est pas encore résolu par ces joujoux, dont le moteur est extérieur.

« MM. Nadar, Ponton d'Amécourt et de La Landelle nous apportent mieux que cela, bien que les ailes de leurs différents modèles soient tout à fait rudimentaires, et réellement peu dignes de gens qui veulent montrer quelque chose à ceux qui ont la vue courte. Ce n'est encore que l'enfance du procédé, mais il est bon, dès lors qu'on peut seulement établir que voici des appareils qui montent en l'air tout seuls : nous avons là, messieurs, — Ville gagnée ! — car — ce résultat, si petit qu'il soit, est fondamental.

« L'hélice n'est pas une chose nouvelle. On a fait des hélices avant de les nommer. Les moulins à vent ne sont que des hélices : le vent appuie sur les ailes disposées en conséquence, et les fait tourner. Dans les turbines, où vous voyez des chutes d'eau de 300 mètres utilisées par un mécanisme, qui n'est pas plus gros qu'un chapeau, le phénomène est le même, seulement le vent est remplacé par l'eau.

« L'hélice aérienne présente de grandes difficultés ; mais, si on parvient par elle à enlever le moindre poids, nous sommes certains d'enlever d'autant mieux un poids plus lourd, — car — une grande machine est toujours plus efficace qu'une petite.

« Mademoiselle Garnerin paria une fois de se diriger, avec le parachute, du point de sa chute à un endroit déterminé et assez éloigné. Par les inclinaisons combinées qu'elle put donner à son parachute, on la vit en effet, très-distinctement manœuvrer et tendre vers la place désignée, et son pari fut presque gagné, à quelques mètres près.

« J'ai souvent examiné dans les montagnes des oiseaux qui planent, et j'ai bien remarqué que leur procédé est absolument celui-là. Une fois qu'ils ont atteint le maximum d'ascension voulu, ils planent et se laissent tomber, les ailes ouvertes en parachute, sur le point qu'ils ont choisi. Le maréchal Niel me raconta qu'il avait bien des fois observé cette manœuvre des grands oiseaux dans les montagnes de l'Algérie.

« En résumé, il est positif que vous avez le moyen de vous transporter par le fait seul que vous avez possession du moyen de vous élever. La seule hauteur vous donne la direction. Dès que vous avez obtenu l'élévation, vous avez employé et placé là un capital de force que vous n'avez plus qu'à dépenser comme vous l'entendez.

« La cause est plus qu'entendue, et ce n'est plus que l'affaire de la technologie; — j'en mettrais ma tête à couper. »

Ces paroles donnent une idée de l'importance qu'il est permis d'attacher à l'idée de l'automotion aérienne, malgré la défaite successive de tous ceux qui l'ont tentée jusqu'à présent. Nous arrivons à l'ascension et au voyage mémorable du *Géant*.

Ce *Géant* nous donne dans ses *Mémoires* un tableau pittoresque et animé des péripéties qu'il eut à traverser depuis la couture de ses méridiens jusqu'à son gonflement. M. Nadar était vraiment à plaindre le dimanche 4 octobre, occupé de l'établissement de l'aérostat — de l'état du temps — de la conduite du gaz — du contrôle des billets — et des manœuvres, dont l'enceinte était encombrée de curieux — du gonflement — des dimensions lilliputiennes de la soupape — du départ des treize passagers, etc., etc.; sérieusement, M. Nadar était à plaindre, surtout lorsqu'au milieu de l'écrasement de tous ces embarras, un monsieur venait, la bouche en cœur, lui demander un *petit banc* pour une dame. Mais traversons tous ces préambules et sautons au commandement du *lâchez tout!*

« Le *Géant* ressentit comme une légère secousse, si légère qu'elle fut à peine perceptible.

Et il commença à monter...

Mais lentement, lentement, avec gravité, comme avec précaution, semblant tâter sa route...

Un immense hurrah, des milliers d'applaudissements retentirent.

Nous montions, majestueux... On eut dit que le *Géant* soulevait avec peine, de son énorme crâne, la voûte immense.

L'assourdissante clameur de deux cent mille voix paraissait augmenter.

Elle augmentait en effet d'un formidable appoint, du « Ah!!! » de toute l'infinie population, refoulée, tassée, les pieds meurtris depuis le matin, autour de l'enceinte et dans les voies adjacentes, et que notre ascension graduée délivrait.

Nous montions...

Le bruit effroyable, soutenu, semblait nous suivre et monter avec nous.

Nous regardions, penchés sur le bordage, ces milliers de visages, tous braqués des mille points du plateau en mille angles aigus, dont nous étions l'unique sommet.

Nous montions...

La cime des arbres, qui bordent d'un double rang le Champ de Mars dans sa longueur était déjà au-dessous de nous... Nous atteignions le niveau de la coupole de l'École Militaire.

L'exécrable tapage montait toujours avec nous...

Nous glissions à quelque six cents mètres de hauteur sur Paris, dans la direction de l'Est.

Chacun s'était installé de son mieux sur les six légers tabourets de canne et sur la caisse longue à deux fins, et contemplait ce merveilleux panorama dont on ne se lasse jamais de là haut et qui jette surtout les débutants dans l'extase. Il n'est pas, en effet, de volupté plus intense, douce et âcre à la fois, que celle d'une ascension aérostatique. Rien ne peut rendre cette plénitude du sentiment de soi-même, cette conviction de sa propre liberté, ce dégagement absolu et immédiat de toutes les choses de ce monde. Comme tout est loin : préoccupations, soucis, amertumes, dégoûts. Comme le mépris tombe bien de là haut! Et pas de vertige! Jamais de vertige en ballon.

Dans le ballon, vous êtes, s'il en fut, le point unique, isolé dans l'espace. — Pas de point de comparaison, — partant, de vertige point.

Un aéronaute qui compte derrière lui quelques centaines d'ascensions, me disait qu'il n'avait jamais vu un seul cas de vertige parmi tous ses voyageurs divers.

— Et pas de mal de mer?

Comment éprouverait-on rien qui y ressemble, emporté que l'on est comme le brin de duvet, la bulle de savon, par le courant dont l'aérostat fait pour ainsi dire partie intrinsèque. Par les vents les plus violents, le ballon que vous avez vu avant le départ fouettant l'air avec fracas de son taffetas encore flasque, luttant contre les cordages qui le retiennent à terre, tantôt soulevant les hommes de manœuvre cramponnés à la nacelle et aux cordes d'équateur, tantôt repoussé contre le sol avec une telle violence, qu'il semble vouloir s'y écraser, — ce ballon, une fois libre, part et file dans l'air sous l'ouragan, sans contre-heurt, sans secousse, sans oscillation, sans vibration. C'est l'athlète qu'on voulait lier : il était indomptable, dans l'indignation de sa force contre tout joug. Le voici libre, il est tranquille.

La terre se déroule sous nos yeux en une nappe immense de couleurs variées, où la dominante est le vert, dans tous ses tons et dans tous ses mariages.

Les champs en damiers irréguliers ont l'air de ces couvertes, faites de pièces diverses rapportées par l'aiguille de la ménagère. Une immense boîte à joujoux est répandue sous vos yeux. Joujoux ces petites maisons expédiées par la fabrication de Carlsruhe; joujoux cette église, cette citadelle. — Joujou bien plus encore ce petit chemin de fer microscopique qui nous envoie de si bas son tout petit coup de sifflet, comme pour forcer sur lui notre attention, et qui file tout mignon et si lentement — il fait pourtant ses quinze lieues à l'heure! — sur son rail imperceptible, panaché de sa petite aigrette de fumée....

Quelle netteté dans tout ce microcosme et surtout quelle impression merveilleuse, ravissante propreté! — Qu'est-ce que ce flocon blanchâtre que j'aperçois là-bas? la fumée d'un cigare? — Non, c'est un nuage.

C'est bien le planisphère, car nulle perception des différences d'altitudes : — la rivière coule en haut de la montagne comme au bas. — Pas de différence entre les haies de ronces et les hautes futaies des chênes centenaires.

C'est un des étonnements du nouveau dans une nacelle d'aérostat, que de percevoir les sons terrestres à de si grandes hauteurs.

Quelles voluptés au monde vaudraient celle-ci! Libre, calme, silencieux, transporté dans l'immensité sans limites de cet espace hospitalier et bienfaisant où nulle force humaine ne peut m'atteindre, où je défie et méprise toute puissance de mal, je me sens vivre enfin, pour la première fois, car je jouis comme jamais, dans la plénitude, de toute ma santé d'âme et de corps.

L'aéronaute du *Géant* ne daigne même pas laisser tomber un regard de pitié sur cette humanité si misérable qu'il apercevait à peine, si petite qu'elle est, au-dessous de lui, dans ses plus grandes œuvres, — travaux de géant, labeurs de fourmis, — dans les luttes et les déchirements meurtriers de son antagonisme imbécile!

Les livres racontent qu'autrefois on voyageait sur des voies de fer dans d'horribles boîtes d'une insupportable lenteur, au prix de mille supplices insupportables. —Un affreux mouvement de va-et-vient, dit mouvement de lacet, secouait horriblement le voyageur depuis le départ jusqu'à l'arrivée; un bruit infernal de chaînes, de bois et de vitres heurtés servait de musique funèbre à ces pénibles convois. La poussière soulevée tout le long du trajet entrait à flots épais par les soupiraux et couvrait de son linceul le voyageur infortuné.—Un voyage, dans ce temps-là, était une redoutable épreuve qu'on n'affrontait pas de gaieté de cœur. — Qui croirait aujourd'hui que ces routes de l'air, qui nous sont si charmantes, l'homme n'avait qu'à les vouloir pour les mériter et qu'il a préféré souffrir pendant tant de siècles de pareils supplices!

Déjà le soleil avait gagné derrière nous l'horizon empourpré. Autour et au-dessus du *Géant*, le ciel était clair encore, mais au-dessous la brume s'était épaissie, — et, à terre, quelques lumières commençaient à scintiller çà et là.

Nous étions assez haut pour ne plus percevoir qu'à peine les clameurs des villages que nous laissions derrière nous, et commencer à jouir du calme pénétrant et de ce silence particulier aux ascensions aérostatiques.

Mais ne perdons pas de temps, car il s'agit de dîner ou plutôt de souper — bien vite, vu l'approche imminente de la nuit.

Chacun mange du meilleur appétit. Le jambon, la volaille, le dessert paraissent et disparaissent. Les vins de Bordeaux et de champagne remplissent les verres.

Je pense à nos compagnons les pigeons appendus dans leur cage longue en dehors du bordage. — Ils doivent dîner aussi. J'ouvre la cage sachant bien qu'il n'y a pas de danger qu'ils s'envolent. En effet, les deux ou trois pauvres bêtes que j'ai prises au hasard et que j'ai déposées sur le bord de la nacelle, semblent frappées d'une sorte de terreur vertigineuse et elles se jettent en voletant gauchement vers le centre de notre groupe, par les verres et les assiettes, jusque sous nos pieds.

Il n'y a pas d'appétit de ce côté-là assurément, et j'aurais dû réfléchir d'ailleurs que l'heure de leur dîner est passée. Je remets les petites bêtes en cage, — et, devant ces pauvres oiseaux qui ne peuvent voler faute de trop d'air, — je me rappelle un peu cette carpe apocryphe, qui suivait partout son maître, jusqu'au jour où elle se noya en voulant traverser le ruisseau.

Cependant le soleil nous a depuis longtemps quittés. — Nos regards l'ont suivi derrière les nuages sombres de l'horizon, qu'il ceignait de pourpre à leurs contours. Ses derniers rayons ont été pour nous, — et tout s'est éteint dans une demi-nuit transparente et bleuâtre....

— Des brouillards gris de perle nous envahissent soudain. Nous regardons autour, au-dessus de nous....

Tout a disparu, et, noyé dans la brume, le ballon n'est lui-même plus visible à nos yeux. Nous ne voyons plus rien — que les câbles qui nous suspendent et qui, dès la hauteur de nos têtes, disparaissent et se perdent, estompés dans le vague....

Notre maison d'osier vogue seule, au milieu de l'abîme....

Nous montions, perçant dans son épaisseur horrible une croûte brumeuse tellement compacte, qu'il semblait qu'avec une lame on eût pu y tailler des formes.

Nous ne voyions pas, puisque nous étions dans la nuit sans réverbération, sans lune, — nuit noire et comme matelassée; et pourtant nous pouvions percevoir des différences dans la tonalité réciproque de ces opacités. Il y avait toute la gamme du noir : — des teintes une fois noires, — deux fois noires, — dix fois noires, — cent fois noires.... Dans les couches les moins sombres, le noir était parfois bleuâtre. — D'autres couches plus sinistres étaient sales et bourbeuses : Dante avait bien vu.

L'eau ruisselait sur nos visages, nos mains, nos vêtements, les cordages, le bord de notre plate-forme.

Ce n'étaient pas des gouttes comme sous la pluie, ni des flaques comme sous les vasques, — et pourtant nous étions inondés comme sous une cascade par cette buée pénétrante, lourde....

Nous traversions la pleine fabrique des averses.

Les nuées épaisses que l'aérostat entr'ouvrait pour se frayer passage se rejoignaient sous lui.

Un instant, je crus sentir se briser contre mes joues la finesse infinie et friable de milliers de pointes d'aiguilles, cristallisations flottantes : — il me semblait passer à travers les frissons d'un immense sorbet d'encre....

Nous montions toujours trop absorbés pour ne pas

oublier toute notion de l'heure, toute préoccupation de notre altitude, — pleins de stupeur, — hagards, interrogeant les profondeurs de ces ombres formidables....

Tout à coup, à ma gauche, le prince de Wittgenstein s'écrie à mi-voix :

— Le ballon! Monsieur, regardez le ballon!

Je lève les yeux, nos compagnons aussi....

O splendeurs!... Je vois le globe que je cherchais et en vain tout à l'heure : mais ce globe n'est plus le même! Je le vois, — tout d'argent, — baigné dans une lueur phosphorescente d'apothéose.... — Le filet, les cordages sont d'argent.... d'argent le cercle, — et d'argent battant neuf, brillant, palpitant comme du mercure.... — Aux cordages sont restés accrochés des spumes floconneux de nuages....

Devant nous, dans une mer de nacre et d'opale, deux bandes lumineuses superposées : — au-dessous, d'ocre rouge, — au-dessus, de mine d'orange : — flamboyantes, aveuglantes. Toutes deux, inégales dans leur parallélisme, semblent pouvoir s'embrasser entre les deux bras... — A quelle distance de nous sont-elles? Vais-je les toucher de la main, ou des immensités de lieues m'en séparent-elles?...

Plus de plan, pas un soupçon de perspective, baignés que nous sommes dans ces lueurs limbiques, dans ces indicibles et confuses clartés!

Une transfiguration polaire!

— L'Apocalypse!!!

Au-dessous de nous, autour de nous et de niveau, des épaisseurs effrayantes de nuages énormes, noirs, bleutés d'argent pâle à leurs crêtes déchiquetées et sur leurs dos puissants. — Ils semblent opaques et solides comme les nuages olympiens, et l'envie vient d'y poser le pied... Ils ondulent en houle vivante avec d'inquiétantes lenteurs, s'envahissent mollement, se font place, ou disparaissent sous d'autres qui les surmontent en rampant.

On dirait ces rêves où les poulpes gigantesques inconnus à l'homme qui n'a jamais pénétré les insondables profondeurs qu'ils habitent, se traînent et s'enlacent dans des enchaînements sans fin...

Mais l'immensité diaphane de notre globe jette son dernier éclair, — et nous nous enfonçons dans ce chaos de formes effroyables... Les monstres semblent vouloir monter vers nous, nous envahir, nous engloutir dans leurs sombres enlacements... De l'un d'eux, à ma droite, — pareil à un bras vivant, contourné, et énervé dans un alanguissement plein de menace, se dresse et se tord une crête dentelée comme une flèche d'ogive, hésitant, semblant tâter sa route ainsi que fait le serpent qui n'a pas d'yeux.

La vision a disparu... Aux clartés d'un instant, ont succédé les ténèbres premières. — Nous nous replongeons dans les noires densités...

Chargé, en tout l'ensemble de sa manœuvre, du poids de l'eau qu'il a entraîné dans le jet de son essor, le ballon redescend vers le précipice obscur avec une telle rapidité que, des sacs de lest que vident avec précipitation, coup sur coup, par dessus le bord, les deux Godard et Yon, la terre et les cailloux dépassés dans leur chute, retombent sur nos têtes.......

Mais j'entends près de moi des voix, des exclamations; — mes compagnons parlent, s'agitent en tumulte. — Des feux que l'on aperçoit bien loin au-dessous de nous se rapprochent avec une terrible rapidité....

Nous arrivons à terre, — et il est certain que c'est beaucoup plus vite que nous n'en sommes partis.

Tout à coup nous éprouvons une effroyable secousse, accompagnée de formidables craquements....

La nacelle a touché[1]. »

Le *Géant* tombait. Dans quelle partie du globe? sur quelle zone inhabitée?...

A *Meaux!*

La soupape était restée ouverte depuis le départ.

Pour me servir d'une expression de M. Nadar, il paraît que ces messieurs n'ont jamais reçu un pareil « coup d'assommoir. »

« Tant de combinaisons, tant de préparatifs, tant de peines, tant de forces, — et jusqu'à un plaidoyer contre l'Atlantique! — pour tomber à Meaux! »

Le *Géant* devait prendre sa revanche.

La seconde ascension lui donna cette revanche. Bien difficile seraient les mécontents.

Nous donnerons le plus brièvement possible un extrait de ce grand voyage; mais vraiment, la relation est si riche, qu'il est regrettable de n'en prendre que la fleur.

Les voyageurs sont entrés dans les plaines de l'air. Comme autrefois le roi de France à Versailles, l'empereur a visité avec intérêt la construction gigantesque qui va s'élancer dans l'espace. Il a souhaité *bon voyage* à l'aéronaute; mais ce souhait sera mal écouté.

Les voyageurs s'installent sur la plate-forme pour y passer la nuit le plus commodément possible. Comme sur les navires au long cours, on organise un service de quart. Des gens vigilants veilleront toujours.

L'esquif aérien file vite. « De temps en temps, dit Nadar, nous passons au-dessus d'un centre de population dont les feux ne sont pas encore éteints. Je hèle dans mon porte-voix ou nous sonnons nos deux cloches.

[1] *Mémoires du Géant*, XVIII.

Parfois on nous répond d'en bas : car bien que sans lune encore, la nuit est assez claire pour que les habitants nous aperçoivent. — D'autres fois, du nuage même dans lequel nous marchons, un éclat de rire nous riposte....

Ce sont d'autres aéronautes, qui, partis en même temps avec un petit ballon, s'obstinent à tenir compagnie au *Géant*. — Nous passons au-dessus d'une petite ville : — clameurs au-dessous de nous comme toujours, et, un coup de fusil....

Etait-il chargé? Le sauvage qui l'a tiré dira certainement non. Mais on en a reçu d'autres déjà en ballon, et on a pu s'assurer qu'il n'y avait pas seulement de la poudre. Il eût été bon de clouer au moins le nom de cette brute sur sa honte. Mais il serait bien tard à présent pour chercher à savoir d'où est parti ce coup de fusil? il était entre neuf heures un quart et neuf heures et demie.

Il est reconnu dans la pratique aérostatique que la nacelle n'est jamais frappée par la brise, et il est de tradition que, fît-on 100 lieues à l'heure, une bougie allumée ne s'éteindrait pas.

Ceci s'explique, l'aérostat et sa nacelle faisant partie du courant lui-même. Cependant, dans ce second voyage, les aréonautes constatèrent qu'ils étaient frappés par un air beaucoup trop vif : sans doute une portée de 60 mètres doit subir l'influence de courants opposés ou tout au moins divers.

— La mer! s'écrie Jules, voyez les phares tournants. — Tenez, encore un qui disparaît; vous allez le voir reparaître.

— Mais qu'est ceci?... Devant nous, à une grande distance encore, apparaissent vaguement des feux qui ne sont plus, cette fois, de lampes ni de falots. — Nous avançons, et nous distinguons mieux ces feux bizarres et nombreux, violents, haletants, dispersés çà et là sur de vastes espaces. — Des bruits sourds et rhythmés arrivent à nos oreilles...

Ai-je donc raison? et n'est-ce pas là ce brave et bon pays — que j'aime cette fois encore plus que les autres?

— Ho!... Hé!... Ho!!!... où sommes-nous?

Erquelines!

Et le digne douanier; — il paraît que c'était un douanier, juge nécessaire, d'ajouter :

Belgique!!

Nous marchons toujours...

Des feux encore, de temps en temps; hauts-fourneaux, forges, houillères.

Une grande ville à notre droite. — Au resplendissement du gaz qui l'éclaire, et à l'ampleur du périmètre, nous avons reconnu Bruxelles.

C'était bien Bruxelles... Presque à côté, un peu plus loin, nous apercevons, plus modeste dans ses proportions et dans son éclat, Malines la catholique. — La voici dépassée.

Nous allons, nous allons... Derrière nous les feux s'éteignent, disparaissent... Devant nous, plus rien, tout à l'heure — que du noir. J'estime que nous rasons de 100 à 150 mètres au plus. — Plus rien décidément devant nous, pas un point où le regard puisse s'accrocher; — rien que la sombre immensité!...

Nous allons toujours....

On ne parle plus.

L'obscurité, morne, sourde, implacable, persiste, s'acharne. — Pas une déchirure, pas une éraillure, pas une paillette dans ce suaire sans fin.

Où sommes-nous? et quel est donc ce pays étrange, sans cités, sans bourgades, sans villages? — Toujours le même silence du tombeau par cette interminable et inquiétante obscurité.

Un crochet du vent ne nous a-t-il pas, en effet, portés vers l'Ouest?...

Mais quelque chose semble s'annoncer...

Qu'est-ce que ces vagues clartés que nous voyons loin, bien loin encore devant nous, — pâles et diffuses clartés qui ne disent rien du travail ni de la vie humaine, comme tous ces feux palpitants que nous avons laissés derrière nous, tout à l'heure?

Avançons... Avançons encore, — nous y sommes.

Ces larges plaques, d'un brillant terne comme des lames de plomb fondu, — isolées et étroites d'abord, puis s'élargissant et se multipliant à l'infini, — laissant à peine entre elles un encadrement noir, qui découpe leurs formes irrégulières; cette infinité de marais qui s'étendent devant nous pour se confondre à l'horizon en une confuse lueur argentée, — c'est la Hollande.

A notre gauche, un gémissement profond, lointain encore, et qui se rapproche de seconde en seconde : — bruissement certain, incontestable.

Un coup de vent frais de cinq minutes seulement nous sommes en mer.

Mais voici l'aurore.

L'orchestre divin, palette mélodieuse, se dispose sourdement et s'accorde enfin pour l'admirable symphonie de l'aube. Nous pouvons presque distinguer nos visages, amis ou ennemis, sur la plate-forme de notre nacelle. Et nous marchons toujours vers les clartés naissantes de moins en moins confuses.... De larges rubans d'un rouge sanglant et sombre s'étendent devant nous; d'autres banderoles jaunâtres ou orangées viennent, sûres d'elles-mêmes, prendre leur place harmonieuse dans les profondeurs vertes et roses. Derrière elles s'allume par degrés et chauffe la grande fournaise, qui va tout à l'heure dissoudre et fondre d'un seul coup ces clartés avant-courrières.... Tout à coup, comme un cri de joie, s'élance d'un jet, à travers l'immensité céleste, un dard de flamme.... C'est le signal, et, jusqu'aux profondeurs des plus lointains horizons subitement illuminés, éclate la splendide fanfare du jour.... »

Les voyageurs aériens planaient alors au-dessus d'un panorama infini : des plaines, des bois, des villes, des étangs, des rivières....

La vue embrasse le plus admirable spectacle. Les prairies resplendissent d'un vert particulier, vert tendre et comme pâli par la rosée. La fumée s'échappe des toits de briques : c'est le repas du matin.... Pâturages, bestiaux, maisons roses, tout ce microscome d'une disposition, d'une netteté, d'une propreté charmantes, sourit ou plutôt semble éclater de gaieté sous les premiers rayons du soleil levant.

Ce récit serait interminable si nous suivions pas à pas ces aventures de l'étrange et colossal voyageur. Bientôt le drame s'accentua plus fortement et revêtit de sinistres aspects. Ce monstre de l'espace, tenant entre ses serres la vie de neuf passagers, les balance entre deux genres de mort : l'enveloppe gonflée menace d'éclater, la nacelle se brise aux accidents du sol par bandes immenses. On brise la soupape, on ne songe plus au lest, on livre passage au gaz. — *Le ballon tombe...*, et la chute est si rapide, que les cheveux sont soulevés et que le vent siffle aux oreilles.

Mais écoutons encore un instant le narrateur :

« Notre course furieuse continue.... Ce n'est pas une descente, c'est une chute.... La terre se rapproche de nous avec une effrayante rapidité.... Une trentaine de mètres nous en séparent encore. — Deux ou trois secondes, et nous touchons!

« Et au-dessous de nous je vois les arbres se courber sous le vent....

« Pourquoi, lorsqu'à ma connaissance personnelle nous avons encore une vingtaine de sacs de lest à fond de cale, pourquoi notre conducteur ne saisit-il pas cet instant qu'il doit guetter, où quelques kilos pesant lancés par lui hors de la nacelle vont comme suspendre tout à coup cette chute précipitée, et permettre, en toute liberté d'esprit, de reconnaître si le terrain est favorable, si le vent n'est pas trop violent? Qui le presse donc tant de descendre? Pourquoi...

« Mais il n'y a ni une parole à dire, ni sur tout une seconde à perdre!

« J'attire brusquement à moi ma femme dans un angle de la plate-forme, je pose ses mains sur deux des câbles du cercle que je tiens ensuite moi-même autour d'elle en la couvrant...., et j'attends!...

« Le vent souffle d'une telle force près de terre que l'accélération verticale de notre chute, malgré la vitesse acquise, en est sinon ralentie, du moins dérangée. Notre énorme masse précipitée dérive en fendant l'air.... Notre chute diagonale est bientôt devenue plus qu'oblique, — horizontale....

« Le cri sacramentel en toute descente se fait entendre, véhément, sans réplique :

« — Tenez-vous bien!... tenez-vous bien!!!

« — Ah!!!

« Telle a été l'effroyable violence du choc que toutes les mains, descellées, ont lâché prise, et plusieurs en sont renversés.... L'aérostat a rebondi d'un gigantesque élan.... Du coup, l'appendice, retenu et tendu, a été tranché comme par la faux, et il est tombé sur l'étoile du cercle-drapeau, dont le porteur est tué.

« Le pont de la nacelle, qui vient de repartir sans

son maître par les airs, présente le spectacle de la plus inextricable confusion. Mais tous ont au plus vite repris leur place, devinant bien que la partie vient seulement de s'engager....

« — Attention!... Tenez-vous bien!!!

« Des villages, des vergers filent sous nous... comme des éblouissements....

« — Tenez-vous bien!!!

« Seconde secousse non moins formidable.... Le *Géant,* qui n'en a que l'écho, en frémit dans tout l'ensemble de ses manœuvres. L'amarre de notre première ancre, comme un simple fil, vient de se briser : nous ne nous en sommes même pas doutés.

« Le vent furieux qui nous emporte redouble....

« Un choc!... puis un autre, puis un autre, coup sur coup.

« — *La seconde ancre est perdue!* s'écrie Jules. Nous sommes tous morts!!!

« Cri plus qu'inutile! L'évidence est là. Car vient de commencer cette course furibonde, échevelée, qui a nom le *traînage*....

« Comme pour ajouter encore à la vitesse de cette course forcenée, la partie inférieure du ballon déjà vide et flasque, — un tiers à peu près, — que l'appendice brisé ne retient plus, s'est appliquée contre la partie pleine et fait voile.

« Les chocs se multiplient, se pressent à ne plus les compter. Comme dans les ricochets sans fin de la balle élastique, que réveille et renouvelle la main d'un joueur infatigable, la nacelle rebondit à des hauteurs alternées depuis cinq et dix mètres jusqu'à trente, quarante, cinquante peut-être.... Par une fatale imprévoyance, elle s'est trouvée, dès le principe, irrégulièrement chargée, tout le lest vivant de notre équipage, sans pratique et sans conseil, s'étant porté machinalement d'un seul côté, et elle retombe toujours, inflexiblement et sans aucune déviation rotatoire, sur la paroi qui nous supporte tous. Tous les coups donc, directement et jusqu'à la fin, nous les essuyerons.

« Quelle rapidité vertigineuse ! Quelle succession de chocs pressés, haletants, crépitants comme grêle ! Quelle contention de muscles, d'attention et de volonté !... Car la moindre défaillance, l'inadvertance d'une seconde, — la tête tournée seulement ! — et lancé dans l'espace, vous êtes brisé !

« Et chaque heurt brise nos muscles, rompt nos poignets, désarticule nos épaules ; — chaque contre-coup nous meurtrit les uns contre les autres, victimes et bourreaux réciproques....

« La rapidité de notre projection ne permet à nos yeux que d'en saisir quelques épisodes. De bien loin en bien loin, un arbre isolé, perdu, accourt sur nous, rapide comme l'éclair.... Nous venons de le briser comme un fétu, et nous n'en avons même pas tressailli....

« Deux chevaux épouvantés, les naseaux en terre, la crinière au vent, s'efforcent ventre à terre de fuir devant nous. Mais nous brûlons les distances. — Ils sont déjà bien loin derrière....

« Un parc de moutons éperdus passe au-dessous de nous, entre deux de nos bonds, — comme un rêve....

« Mais voici le danger, — le vrai danger !

« A ce moment où, harassés, les crampes nous engourdissent et paralysent nos articulations, — nous apercevons devant nous, menaçante en haut de son remblai, perpendiculaire à notre course, une locomotive en marche traînant son tender et deux wagons.

« Quelques tours de roue de plus et tout est bien fini ! — car une fatalité géométrique veut que nous nous précipitions avec elle, par une coïncidence infernale de temps et de lieu, juste sur le même sommet d'angle!

« Que va-t-il arriver?

« Précipités dans notre vol d'ouragan, nous allons soulever du coup et renverser la lente machine et ce qu'elle traîne, — ceci ne fait pas l'ombre d'un doute! — mais nous sommes broyés!...

« Quelques mètres à peine nous séparent de l'ennemi.... De nos poitrines s'échappe un cri, — un seul! — mais quel cri!...

« Il a été entendu!

« Le sifflet de la locomotive nous répond.... — Elle a ralenti sa marche; elle s'arrête comme semblant hésiter..., — et recule enfin, tout juste à temps pour nous livrer passage..., — et le mécanicien nous salue, la casquette au bout de son bras tendu....

« Gare aux fils!!!

« Les voici en effet sur nous, ceux-là que nous n'avions pas aperçus, les quatre fils du télégraphe électrique, — quatre guillotines!...

« Nous avons baissé nos têtes.... — Heureusement, nous nous trouvons raser bas à ce moment précis. — C'est sur le cercle et ses gabillots inférieurs qu'a lieu la rencontre : un ou deux de nos câbles seulement ont porté sur ces rasoirs....

« Et nous entraînons ces câbles pendants derrière nous, — comme la queue d'une comète échevelée, — avec les tringles télégraphiques sans fin et les poteaux déracinés qui les soutenaient tout à l'heure.... »

Il serait superflu de continuer indéfiniment cet éminent récit de voyage insolite. On se souvient de son issue. Après avoir été traînés et remorqués à la merci d'un ouragan inférieur qu'ils auraient pu éviter, les navigateurs aériens se virent jetés à la lisière d'un

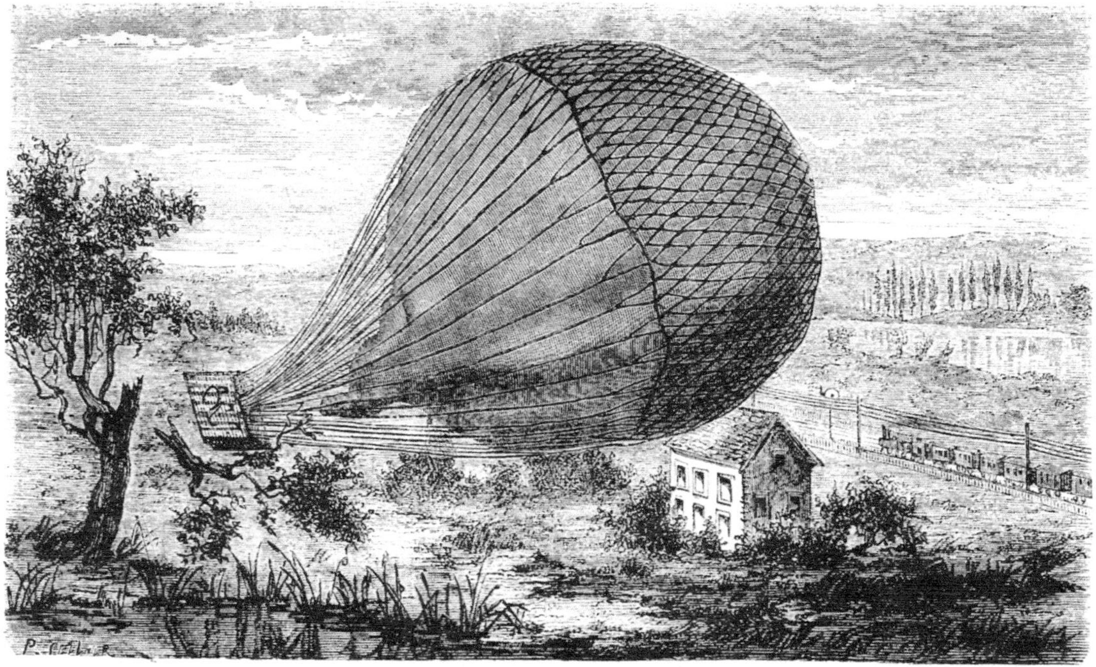

Catastrophe du *Géant* (19 octobre 1863).

bois, au delà d'une rivière, près de Rethem, en Hanovre. Quelques jambes et quelques bras furent la proie de cette chute du monstre, et les voyageurs se trouvèrent relativement très-heureux de ne point avoir leur place préparée au chapitre suivant.

CHAPITRE X

Nécrologie de l'aérostation.

> Ci-gît un jeune téméraire,
> Qui, dans son généreux transport,
> De l'Olympe étonné, franchissant la carrière,
> Y trouva le premier et la gloire et la mort.

Nous terminerons cette seconde partie en déposant une couronne de lauriers sur le front glacé de ceux qui tombèrent aux premiers rangs de la conquête, martyrs de leur dévouement à la cause nouvelle et quelquefois victimes de l'imprévoyance et de l'inexpérience.

Le premier d'entre tous, celui qui brille au premier plan de l'histoire aérostatique et qui s'éclipsa comme un météore éphémère, Pilâtre des Roziers, mérite d'être rappelé au souvenir de nos lecteurs, — qui déjà l'ont salué sur l'arène. L'épitaphe précédente se rapporte à lui; nous regrettons seulement l'épithète de « jeune téméraire, » qui est indigne de son grand caractère. Après le passage de Blanchard d'Angleterre en France, le héros intrépide qui le premier avait osé affronter le vide des airs, résolut d'entreprendre la traversée contraire; voyage plus difficile, car il n'est pas servi par les mêmes courants.

On essaya vainement de faire comprendre à Pilâtre les périls auxquels cette entreprise allait l'exposer. Il assurait avoir trouvé une nouvelle disposition des aérostats, qui réunissait toutes les conditions de sécurité nécessaires et permettait de se soutenir dans l'air un temps considérable. Il sollicita et obtint du gou-

Pilâtre des Roziers.

vernement une somme de quarante mille livres pour construire sa machine. On apprit alors quelle était la combinaison qu'il avait imaginée; il réunissait en un système unique les deux moyens dont on avait fait usage jusqu'alors : au-dessous d'un aérostat à gaz hydrogène, il suspendait une montgolfière. Il est assez difficile de bien apprécier les motifs qui le portèrent à adopter cette disposition, car il faisait sur ce point un certain mystère de ses idées. Il est probable que, par l'addition d'une montgolfière, il voulait s'affranchir de la nécessité de jeter du lest pour s'élever et de perdre du gaz pour descendre. Le feu activé ou ralenti devait fournir une force ascensionnelle supplémentaire.

Ce système mixte, qui devait, selon le jeune aéronaute, faciliter l'ascension et la descente, a été justement blâmé. *C'était mettre le feu à côté de la poudre*, disait Charles à Pilâtre; mais celui-ci n'écoutait rien que son intrépidité et l'incroyable exaltation scientifique dont il avait déjà donné tant de preuves; il était aussi, suivant M. Nadar, un de ses chaleureux admirateurs, pressé par la cour qui lui avait fourni la somme nécessaire pour construire son aérostat, et par son désir de rivaliser avec Blanchard qui, favorisé par les vents, eut le premier l'honneur de traverser la Manche le 7 janvier 1785.

Une crainte dominante était de voir la mer traversée par nos voisins avant nous. Cette pensée se reflétait jusque dans les pièces de poésie qui célébraient l'art nouveau :

> Craignez que quelque Anglais, hardi navigateur,
> De cette invention ne nous vole l'honneur.
> Plus d'un nous a ravi, par sa longue constance,
> Des secrets découverts et négligés en France.
> Ce peuple qui s'est dit le souverain des mers
> Va bientôt tout tenter pour être roi des airs.
> N'allez pas dans votre art lui céder la victoire.
> Servez votre patrie, et sauvez votre gloire.

L'honneur de la première traversée du détroit lui ayant été enlevé, Pilâtre ne présumait pas devoir poursuivre une seconde expérience désormais insignifiante et dénuée de tout autre intérêt que celui d'une inutile curiosité. Mais la cour en a décidé autrement : on apprécie qu'il y a plus de difficultés, — et, en effet, — à traverser de France en Angleterre qu'il n'y en avait à venir de Douvres en France. Le contrôleur général des finances, M. de Calonne, mande Pilâtre des Roziers, lui adresse des reproches aussi sévères que peu mérités. Celui-ci devra donc partir et tenter cette expédition vaine dans les plus déplorables conditions.

En effet, alternativement gonflés et dégonflés, et, dans une enceinte près du rempart où les rats les rongent quand ils ne sont pas exposés aux intempéries de l'atmosphère, les deux aérostats sont déjà détériorés.

Pilâtre des Roziers arrive pour la troisième fois à Boulogne et fixe le jour de son départ; mais, comme par un avis providentiel, les tempêtes retardent obstinément ce départ. Plusieurs semaines de suite, des petits ballons d'essai lancés sont toujours ramenés par le vent vers les côtes de France.

Pendant toutes ces attentes, mal suppléé, Pilâtre s'inquiète et se tourmente. Au milieu de ces impatiences et de ces chagrins, et pour qu'un incident romanesque vienne donner un dernier et dramatique intérêt à cette héroïde, il rencontre une jeune Anglaise pensionnaire dans un couvent de Boulogne; sa demande est agréée, mais ajournée après le succès de l'entreprise.

Donc l'ascension avant tout!

Les 13 et 14 juin 1785, l'*Aéro-Montgolfière* reste gonflée, guettant l'heure propice. Le 15, à quatre heures du matin, un petit ballon d'essai vient encore tomber à son point de départ.

A sept heures enfin, Pilâtre des Roziers apparaît dans la galerie, accompagné du frère aîné Romain, l'un des constructeurs de l'aérostat, lequel avait demandé comme récompense de ses services de partager les dangers de l'entreprise.

Le marquis de Maisonfort jette un rouleau de deux

cents louis dans la nacelle et prétend monter. Pilâtre l'écarte doucement, mais avec fermeté :

— L'expérience est trop peu sûre, dit-il, pour qu'il veuille exposer la vie *d'un autre*...

« Enfin, dit un récit du temps, l'*Aéro-Montgolfière* s'élève lentement, imposante; deux coups de canon retentissent, les aéronautes saluent, une foule considérable leur répond par des cris de joie. Ils s'avancent; bientôt ils se trouvent sur la mer. Chacun, les yeux fixés sur le fragile aérostat, l'observe avec crainte. Ils étaient environ à cinq quarts de lieue en avant, au-dessus du détroit, à sept cents pieds à peu près de hauteur, lorsqu'un vent d'ouest les ramène sur terre; déjà depuis vingt-sept minutes, ils étaient dans les airs.

« A ce moment, on crut s'apercevoir de quelques mouvements d'alarme de la part des voyageurs. — On croit voir qu'ils abaissent précipitamment leur réchaud... Tout à coup une flamme violette paraît au haut de l'aérostat; l'enveloppe du globe se replie sur la montgolfière et les malheureux voyageurs, précipités des nues tombent sur la terre, presque en face la tour de Croy, à cinq quarts de lieues de Boulogne et à trois cents pas des bords de la mer.

« L'infortuné des Roziers fut trouvé dans la galerie le corps fracassé, les os brisés de toutes parts. Son compagnon respirait encore, mais il ne put proférer un seul mot et quelques minutes après il expira. »

De Maisonfort, resté à terre, témoin de l'événement, en a donné l'explication suivante :

Peu de minutes après leur départ, les voyageurs furent assaillis par des vents contraires, qui les rejetaient dans l'intérieur des terres. Il est probable alors que, pour descendre et chercher un courant d'air plus favorable qui les ramenât vers la mer, Pilâtre des Roziers tira la soupape de l'aérostat à gaz hydrogène; mais la corde attachée à cette soupape était très-longue, aussi jouait-elle difficilement et le frottement très-rude qu'elle occasionna déchira la soupape. L'étoffe du ballon, fatiguée par le grand nombre d'essais préliminaires et par plusieurs tentatives de départ, se déchira sur une étendue de plusieurs mètres, la soupape retomba dans l'intérieur du ballon et celui-ci se trouva vide en quelques instants. Selon ce récit, il n'y aurait pas eu inflammation de gaz au milieu de l'atmosphère; on aurait reconnu que le réchaud de la montgolfière n'avait pas été allumé.

De Maisonfort courut vers l'endroit où l'aérostat venait de s'abattre; il trouva les deux voyageurs enveloppés dans les toiles, et dans la position même qu'ils occupaient au moment du départ.

Par une triste ironie du hasard, ils vinrent expirer à l'endroit même où Blanchard était descendu, non loin de la colonne monumentale élevée à sa gloire. Aujourd'hui les voyageurs français qui se rendent en Angleterre, traversant Calais, ne manquent pas d'aller visiter, près de la forêt de Guines, le monument consacré à l'expédition de Blanchard. Ensuite on fait quelques pas, et à une certaine distance le cicerone vous désigne du doigt le point où ses émules ont expiré.

« Telle fut la fin du premier des aéronautes et du plus courageux des hommes, dit en terminant l'historien contemporain. Il fut victime de l'honneur et du zèle. Sa douceur, son amabilité, sa modestie, le feront regretter de ceux qui l'ont connu. Il méritera peut-être les regrets de la postérité et laisse après lui deux sœurs et une mère qui le pleurent. Celle qui l'aima ne put supporter la nouvelle de sa mort. Des convulsions horribles la saisirent: elle expira, a-t-on dit, huit jours après la terrible catastrophe »

Ce premier aéronaute expira âgé de vingt-huit ans et demi.

Dupuis-Delcourt résume comme il suit les circonstances qui déterminèrent la mort des autres martyrs de l'aérostation.

Olivari périt à Orléans le 25 novembre 1802; il s'était enlevé dans une montgolfière en papier soutenu de quelques bandes de toile seulement. Sa nacelle, en osier, suspendue au-dessous du réchaud et lestée de matières combustibles destinées à entretenir le feu, devint, à une grande élévation, la proie des flammes. L'aéronaute, privé de ce seul soutien, tomba à une lieue de distance environ du point de départ.

Mosment fit à Lille, le 7 avril 1806, sa dernière expérience. Son ballon était en soie, gonflé par le gaz hydrogène. Cet aéronaute avait coutume de s'élever debout, les pieds sur un plateau très-léger qui lui tenait lieu de nacelle. Dix minutes après son départ, il lança dans l'air un parachute avec un quadrupède. On suppose qu'alors les oscillations du ballon ainsi délesté furent la cause de la chute de l'aéronaute. Quelques personnes prétendirent à cette époque que Mosment avait annoncé d'avance l'événement, et que ce n'était de sa part qu'une imprudence calculée. Quoi qu'il en soit, le ballon continua seul sa route, et l'aéronaute fut retrouvé à moitié enseveli sous le sable dans les fossés qui bordent la ville.

Bittorff fit en Allemagne un grand nombre d'ascensions heureuses. Néanmoins il n'eut jamais d'autres machines que des montgolfières. A Manheim, le 17 juillet 1812, jour de sa mort, son ballon étant en papier, de seize mètres de diamètre sur vingt de hauteur, s'enflamma dans l'air, et Bittorff fut précipité sur les dernières maisons de la ville. Sa chute fut mortelle.

Harris, ancien officier de la marine anglaise, conservait toujours cette ardeur de courage qui entraîne l'homme à combattre les éléments. Il avait fait avec Graham, aéronaute anglais, plusieurs ascensions qui lui donnèrent l'idée de construire lui-même un ballon, auquel il appliqua diverses prétendues améliorations, qui paraissent avoir été mal conçues. En mai 1824, Harris tenta, à Londres, une expérience qui eut beaucoup de succès en apparence, mais qui se termina malheureusement. Au plus haut de l'air, il paraît que l'aéronaute, voulant descendre, ouvrit la soupape : elle était disproportionnée et avait, en outre, un vice de construction qui l'empêcha de se refermer complétement. La déperdition du gaz se fit trop promptement, et le ballon s'abaissa si rapidement sur la terre, que Harris y perdit la vie du choc qui en résulta. Il n'était pas seul, une jeune dame qui l'accompagnait ne fut que légèrement blessée.

Sadler, célèbre aéronaute anglais, qui avait déjà fait un grand nombre de voyages aériens, et qui, dans une de ses expéditions, avait franchi le canal d'Irlande entre Dublin et Holyhead (où il est large de trente-six à quarante lieues), périt près de Bolton, en Angleterre, d'une manière déplorable, le 29 septembre 1824. Privé de lest, par suite de son long séjour dans l'atmosphère, et forcé de descendre, très-tard, sur des bâtiments élevés, la violence du vent le fit heurter contre une cheminée, d'où il fut précipité à terre, hors de la nacelle. La prudence et le savoir de l'aéronaute ne peuvent être révoqués en doute. Sadler avait fait ses preuves dans près de soixante expériences. Des circonstances fâcheuses, bien difficiles à prévoir, ont seules causé sa perte. C'est ici un véritable naufrage aérien; un navigateur qui se brise sur des rochers, et vient échouer au port par une nuit d'orage!

Cocking était monté deux fois, comme simple amateur, dans le ballon de Green. Il avait une idée fixe, celle de faire du nouveau. Il voulait tenter une descente en parachute avec un instrument de son invention, auquel il avait apporté de prétendus perfectionnements. Il y avait dans son projet plus que de l'absurdité.

Cocking, lui, changeait tout d'abord la forme éprouvée, raisonnée et raisonnable; et, au lieu d'une surface concave, s'appuyant sur une colonne d'air, et la refoulant, il se suspendait à un cône renversé, sorte de vis aérienne, de tarière, qui, au lieu de ralentir la descente du corps pesant, devait en précipiter la chute.

C'est ce qui eut lieu en effet. Et malheureusement, comme nous l'avons dit, Green participa à cette expérience. Au-dessous de sa nacelle, dans une ascension publique faite au Wauxhall de Londres, le 27 septembre 1836, il suspendit le déplorable appareil auquel Cocking tenait par un fil; puis, à une hauteur de mille à douze cents mètres, l'aéronaute se sépara de son compagnon; et pendant qu'il continuait son voyage en s'élevant de plus en plus vers le ciel, il dut considérer avec effroi la chute du malheureux qu'il venait de lancer dans l'éternité.

« La descente fut tellement rapide, dit un témoin oculaire, que la vitesse moyenne en dut être de près de 20 mètres par seconde. En moins d'une minute et demie le malheureux aéronaute fut précipité à terre, d'où on le releva sans vie. »

Madame Blanchard avait substitué des pièces d'artifice aux verres de couleurs de Garnerin; au moment du départ on suspendait au-dessous de la nacelle par un fil de fer de dix mètres de longueur et d'une force proportionnée au poids qu'il devait porter, un cercle en bois d'un grand diamètre autour duquel étaient fixées les pièces d'artifice. Cette espèce d'auréole ou d'étoile était composée de pièces placées de manière à produire leur effet en contre-bas; elles étaient mêlées de flammes de Bengale et de feux de couleur; c'était un beau spectacle, mais qu'il est toujours plus sage et sans inconvénient de reproduire en employant un ballon perdu. — Le mardi 6 juillet 1819, il y avait grande fête au Tivoli de la rue Saint-Lazare, sur l'emplacement de la gare de l'Ouest rive droite. Une foule considérable environnait le ballon de madame Blanchard. Après quelques détonations annonçant le départ, l'enceinte se trouva subitement illuminée de flammes de Bengale, l'aéronaute monte dans sa nacelle au son d'une musique éclatante et aux acclamations d'un public enthousiaste, impressionné par ce spectacle féerique. Le ballon s'élève avec lenteur et majesté, entraînant l'immense étoile à laquelle on met le feu. — La voilà partie! quelques secondes s'écoulent; les flammes de Bengale éclairent seules l'intrépide voyageuse, puis des flammes semblables s'allument d'elles-mêmes autour de la couronne qu'elle emporte dans l'air; — il tombe du ballon une pluie d'or et des milliers d'étincelles.

Trois minutes d'un pareil spectacle sont un siècle et passent cependant comme un éclair. — Un moment de calme succède; tous les yeux sont encore fixés sur le ballon dont le feu est complétement éteint. Tout à coup une lueur inattendue se révèle, non pas au-dessous du ballon, là où devait se trouver la couronne éteinte, mais dans la nacelle même; puis on voit assez distinctement, malgré la grande élévation à laquelle elle était parvenue en ce moment, l'aéronaute s'agiter: la lueur grandit, puis disparaît subitement, reparaît encore, et se montre enfin au sommet du ballon, sous la forme d'un immense jet de gaz d'un bec de soixante centimètres de diamètre et de plus d'un mètre de hauteur. — Le gaz dont était rempli le ballon venait de s'enflammer et la clarté sinistre que répandait ce fanal ambulant, se projetait sur les boulevards et sur tout le quartier Montmartre.

C'est à ce moment, affreux pour les personnes qui comprenaient ce qui allait se passer, que se manifestait un sentiment général de satisfaction et de joie parmi les nombreux spectateurs réunis dans l'enceinte des jardins de Tivoli. On applaudissait de toutes parts ; on criait : Bravo ! vive madame Blanchard ! elle va descendre en parachute !

On croyait à une surprise, à un supplément de spectacle.

Cependant on voyait, à la lueur de la flamme, le ballon s'amoindrir et s'abaisser graduellement. Il disparut enfin à la hauteur des maisons, comme un météore, ou comme une longue traînée de feu qu'un souffle aurait subitement éteint.

Au moment où l'expérience avait pris cette tournure menaçante, des artificiers et quelques personnes qui avaient compris qu'un accident se préparait, s'empressèrent de se porter au lieu où le ballon semblait devoir descendre. Des employés de Tivoli arrivaient rue de Provence, aux environs du n° 16, au moment où le ballon vide de gaz, entièrement déprimé, demeurait accroché au toit de cette maison, et où la malheureuse madame Blanchard, précipitée de sa nacelle, du haut du toit dans la rue, expirait et tombait morte sur le coup.

Cette nouvelle parvint rapidement à Tivoli, où elle occasionna une stupeur sans égale. C'était la première fois que le ciel de Paris était témoin d'une chute de ce genre. Le feu d'artifice ne fut pas continué, tous les jeux cessèrent et une souscription rapidement organisée, produisit quelques milliers de francs, dont on ne sut d'abord que faire, et qui, plus tard, furent employés à élever, à la mémoire de madame Blanchard, le monument qu'on voit au cimetière du Père-Lachaise.

L'aéronaute avait voulu, dit Dupuis-Delcourt, à qui nous empruntons ces détails, augmenter le spectacle ordinaire de ses ascensions en ballon : elle avait réellement préparé une *surprise* à ses nombreux spectateurs. — Et cette pensée, cette surprise, ont été la principale cause de sa mort. Elle avait préparé et emporté avec elle un petit parachute de deux mètres environ de diamètre. Après l'extinction du feu de la couronne, elle devait lâcher ce petit parachute en allumant l'artifice qui le lestait et qui se terminait par une bombe à *pluie d'argent.*

Madame Blanchard, très-petite de taille, fort légère, avait la mauvaise habitude de se servir d'un ballon fort petit. Celui du 6 juillet 1819, n'avait pas 7 mètres de diamètre; madame Blanchard était obligée de le remplir de gaz jusqu'à la gorge. En quittant le sol le gaz hydrogène fusait et établissait une longue traînée de gaz sur la ligne parcourue par le ballon; une véritable traînée de poudre qui aurait dû prendre feu bien des fois. Mais le jour de sa fatale et dernière expérience, ce fut elle-même qui de sa propre main mit le feu à cette traînée. Au moment où, tenant hors de la nacelle le petit parachute, elle prit de l'autre main la lance d'artifice, sorte de mèche qu'elle avait emportée toute allumée, elle la fit passer à travers la traînée de gaz qui dut aussitôt s'enflammer : on vit alors la courageuse aéronaute, quittant précipitamment le parachute et la mèche, se lever et chercher une première fois, puis une seconde, à éteindre, à comprimer l'appendice du ballon : mais presque aussitôt une colonne de feu se fit voir au haut de la machine, et madame Blanchard, cessant alors des efforts superflus, fut distinctement aperçue assise dans sa nacelle, cherchant à voir le lieu où allait s'abaisser son ballon, s'occupant alors des moyens de se sauveter.

La combustion du gaz hydrogène dura plusieurs minutes, et le ballon s'amoindrissant de plus en plus, descendait toujours.

Il y avait alors aux environs de la maison n° 16 de la rue de Provence, formant le coin de la rue Chauchat, peu de constructions et d'immenses jardins ; là, encore, l'aéronaute pouvait descendre ou tomber sans danger ; c'est précisément sur le toit de la maison que le ballon porta et c'est sur le côté de la rue que glissa l'appareil.

Au moment du choc, qui n'a pas été considérable, puisque de minces chevrons en bois n'ont pas été enfoncés, on entendit madame Blanchard crier : *à moi!* Ce furent ses dernières paroles. La fatalité voulut que la nacelle, en glissant sur le toit, rencontrât l'un de ces crampons en fer comme on en met pour le service des couvreurs. La nacelle s'arrêta dans sa marche, et l'infortunée aéronaute, qui ne s'attendait pas à cette secousse, fut précipitée la tête la première sur le pavé de la rue.

Quand on arriva près d'elle, on la trouva morte; l'épaule et la tête avaient été fracassées. Il n'existait sur elle aucune trace de brûlure. On voyait la nacelle encore bien accrochée au toit, et le ballon entièrement vide, avec son filet presque intact, pendant du haut du toit dans la rue.

TROISIÈME PARTIE

VOYAGES SCIENTIFIQUES, ÉTUDES, APPLICATIONS DIVERSES.

CHAPITRE PREMIER

Expériences scientifiques de Robertson, Lhoëst, Saccharof, etc.

Nous avons souvent rencontré des aéronautes et des physiciens fort peu sérieux eux-mêmes qui traitaient Robertson à peu-près dans les termes dont on salue un saltimbanque. Nous avons au contraire rencontré des savants qui, comme Arago, se donnaient la peine d'examiner les expériences aérostatiques de ce physicien, et d'exposer au long le résultat de ses observations, malgré la forme pittoresque dont il décore son récit. Pour nous, nous prenons l'intérêt et l'utile partout où nous le trouvons, et nous ne fermerons pas la porte de notre amphithéâtre à l'aéronaute de Hambourg.

Le physicien Robertson, dit Arago, a exécuté à Hambourg, le 18 juillet 1803, avec son compatriote Lhoëst, le premier voyage aéronautique dont la science a pu tirer quelques indications utiles. Les deux voyageurs restèrent suspendus dans les airs durant cinq heures et demie, et allèrent tomber près de Hanovre, à 25 lieues de leur point de départ.

Nous demanderons aux *Mémoires* de Robertson lui-même, les passages les plus dignes d'intérêt de sa carrière d'aéronaute.

La première fois que nous le rencontrons dans les annales de l'aérostation, c'est en 1802, à la vente du ballon de Fleurus, dont nous parlerons au chapitre de l'aérostation militaire. A son retour d'Egypte, Bonaparte fit vendre les ballons de Meudon et rendit au génie la compagnie des aérostiers. C'est Robertson qui acheta le ballon qui avait servi à la bataille de Fleurus.

Mais trois ans auparavant, il s'était chargé de faire monter un ballon d'une forme originale dans une fête donnée à l'ambassadeur turc, au jardin de Tivoli. La fête obtint un grand succès. Turcs, Chinois, Persans, Osages ou Bédouins, seront toujours à Paris les bienvenus, parce qu'ils s'y montrent seulement de loin en loin, et pour peu de temps. Toute la curiosité parisienne, si vive et si avide, s'épuise en un instant sur un objet, et chaque jour en réclame un nouveau.

Quoique républicains alors, les habitants de la capitale ne se précipitèrent pas moins sur les traces d'Esseid-Aly-Effendi, qu'ils ne le faisaient, il y a quelques années, sur les pas de l'ambassadeur persan ; ce qui prouve combien notre caractère est nôtre, et que la forme de gouvernement n'y peut rien : sous la toge romaine ou sous la pelisse turque, nous serions toujours des Français.

La fête eut lieu à Tivoli, le 2 juillet ; Robertson s'était présenté la veille chez Esseid-Aly, pour obtenir qu'il écrivît son nom : il s'y prêta de bonne grâce, et le traça sur une feuille de papier en lettres qui avaient deux pouces de hauteur.

Il lui fit offrir du café et des confitures, et promit d'assister à cette *parade*.

Son nom fut peint en gros caractères sur un ballon de 15 pieds de diamètre, dont la forme était celle d'un croissant. Cette expérience plut beaucoup à l'ambassadeur, et fut très-bien accueillie du public.

Jacques Garnerin, qui venait de débuter dans la carrière des aérostiers, en faisant monter une poupée élégante au-dessous d'un ballon de papier vernissé, essaya, le 24 août suivant, au jardin de l'hôtel Biron, l'expérience du parachute. L'ambassadeur fut prié d'y assister; mais elle ne put réussir, et Esseid-Aly dit en sortant : « Qu'il l'avait bien prédit que l'homme n'était pas fait pour voler; que Mahomet ne le voulait pas. »

En 1803, Robertson partit pour Hambourg, où l'avait précédé Garnerin, ce qui suscita une rivalité peu intéressante pour nos lecteurs et que nous passerons sous silence pour arriver de suite aux ascensions qui sont l'objet de notre spectacle.

Les deux premières furent manquées par la faute du gouvernement prussien, qui ne laissa pas au physicien un délai suffisant pour préparer son ascension, et qui le contraignit à gonfler son ballon pendant une véritable tempête qui brisa la soupape, rompit les cercles et emporta l'aérostat avec une vitesse de 14 milles d'Allemagne en moins d'une heure, vitesse qui n'avait jamais été donnée par aucun autre. Fort heureusement la nacelle n'était pas attachée. Ce ballon était l'un des plus beaux qu'on ait vus jusqu'alors; il ne fut pas perdu. Le 18 juillet 1803, il était de nouveau gonflé et prêt à s'envoler dans l'espace.

. C'était à côté de Hambourg, dans le jardin de Lhoëst. L'Alster, petite rivière qui se jette dans l'Elbe, forme près de Hambourg un lac charmant, sur la promenade appelée Jungfernstieg. Ce fut au milieu de ce lac que dix marins robustes, descendant l'Alster sur un bateau, conduisirent l'aérostat, impatient d'échapper à leurs efforts, quoique les deux voyageurs fussent déjà dans la nacelle. Ce spectacle nouveau, par un temps magnifique, attira toute la ville. Les sénateurs eux-mêmes, près d'entrer au conseil, quittèrent leurs stalles en boiserie gothique et accoururent tout costumés, avec leurs grandes fraises à la Henri IV et leurs robes noires en forme de soutane.

Voici une partie de la relation adressée plus tard sur ce voyage aérien au président de l'Académie impériale de Saint-Pétersbourg.

« Je partis à neuf heures du matin, accompagné de M. Lhoëst, mon condisciple et compatriote français, établi dans cette ville; nous avions 140 livres de lest. Le baromètre marquait 28 pouces 0‴, le thermomètre de Réaumur 16 degrés. Malgré un faible vent de nord-ouest l'aérostat monta si perpendiculairement et si haut, que dans toutes les rues chacun croyait l'avoir à son zénith. Pour accélérer notre élévation, je détachai un parachute en soie, d'une forme parabolique, et ayant dans sa péréphérie des cases dont le but était d'éviter les oscillations. L'animal qu'il contenait, enfermé dans une corbeille, descendit avec une lenteur de deux pieds par seconde, et d'une manière presque uniforme. Dès l'instant où le baromètre commença à descendre, nous ménageâmes notre lest avec prudence, afin d'éprouver d'une manière moins sensible les différentes températures par lesquelles nous allions passer.

« A 10 heures 15 minutes le baromètre était à 19 pouces et le thermomètre à 3 au-dessus de zéro. Sentant arriver graduellement toutes les incommodités d'un air trop raréfié, nous commençâmes à disposer quelques expériences sur l'électricité atmosphérique. Mes premiers essais ne réussirent pas; mais je ne tardai pas à en trouver la cause : j'observai que l'aérostat étant un corps isolé dans l'espace, et que faisant moi-même partie de ce corps isolé, j'aurais beaucoup de peine à connaître le degré de l'électricité de l'atmosphère, ainsi que sa nature vitrée ou résineuse. Pour opérer, il fallait au moins que mes instruments pussent sortir de la sphère d'activité, et j'y parvins de cette manière.

« Nous jetâmes du lest pendant quelque temps; bientôt le baromètre indiqua un mouvement progressif; enfin, le froid augmenta et nous ne tardâmes pas à le voir descendre avec une extrême lenteur. Pendant les différents essais dont nous nous occupions, nous éprouvions une anxiété, un malaise général; le bourdonnement d'oreilles dont nous souffrions depuis longtemps augmentait d'autant plus que le baromètre dépassait les 13 pouces. La douleur que nous éprouvions avait quelque chose de semblable à celle que l'on ressent lorsque l'on plonge la tête dans l'eau. Nos poitrines paraissaient dilatées et manquaient de ressort, mon pouls était précipité; celui de M. Lhoëst l'était moins : il avait, ainsi que moi, les lèvres grosses, les yeux saignants; toutes les veines étaient arrondies et se dessinaient en relief sur mes mains. Le sang se portait tellement à la tête, qu'il me fit remarquer que son chapeau lui paraissait trop étroit. Le froid augmenta d'une manière sensible; le thermomètre descendit alors assez brusquement jusqu'à 2 degrés, et vint se fixer à 5 1/2 au-dessous de glace, tandis que le baromètre était à 12 pouces 4/100. A peine me trouvai-je dans cette atmosphère que le malaise augmenta; j'étais dans une apathie morale et physique; nous pouvions à peine nous défendre du sommeil que nous redoutions comme la mort. Me défiant de mes forces, et craignant que mon compagnon de voyage ne succombât au sommeil, j'avais attaché une corde à ma cuisse, ainsi qu'à la sienne; l'extrémité de cette corde passait dans nos mains. C'est dans cet état, peu propre à des expériences délicates, qu'il fallut commencer les observations que je me proposais.

« Ranimés par un peu de vin, nous répétâmes d'abord avec l'électromètre et le condensateur l'expérience détaillée plus haut, et nous n'obtînmes aucun atome d'électricité. »

Nous choisissons et nous donnons ici les expériences les plus importantes.

Première expérience. « A cette élévation, le verre, le soufre et la cire d'Espagne ne s'électrisent pas d'une manière sensible par le frottement; du moins je n'ai pu recueillir de cette électricité sur des corps conducteurs ou sur l'électromètre. J'attribue la difficulté d'accumuler l'électricité dans cette circonstance à l'isolement du corps électrisant, dans lequel l'électricité ne peut être restituée par le réservoir commun. »

Deuxième expérience. « J'avais emporté dans ma nacelle une pile de Volta, composée de soixante couples, argent et zinc : elle fonctionnait très-bien à notre départ et donnait, sans condensateur, un degré à l'électromètre de Volta. A notre plus grande élévation, la pile ne donnait plus que 5/6 de degré au même électromètre. L'éclair galvanique m'a paru beaucoup plus sensible que sur la terre; cet effet semble contradictoire. »

Troisième expérience. « Une aiguille d'inclinaison, suspendue avec soin, indiquait à notre départ 42 degrés; elle a abandonné insensiblement sa position; les oscillations, d'abord peu sensibles, ont graduellement augmenté. Les oscillations de l'aiguille se sont ralenties à mesure que l'aérostat se rapprochait de la terre, et, au moment de notre arrivée, elle se trouva fixée au même point qu'elle indiquait au moment du départ. »

Quatrième expérience. « J'ai fait détonner 10 grains de muriate oxygéné de potasse : l'explosion n'a produit qu'un éclat aigu et perçant sans être fort; mais il affectait l'oreille d'une manière insupportable et douloureuse. La remarque que je fis, que j'entendais avec peine la voix de mon compagnon de voyage, quoiqu'il me parlât assez haut, m'engagea à faire quelques essais sur le son : tous ceux que j'ai cherchés, en frappant différents corps métalliques, étaient peu sensibles pour nous; leurs vibrations étaient cependant de longue durée. Il serait sans doute intéressant de connaître quelle vibration éprouverait le diapason; mais quel moyen emploierait le physicien pour servir de mesure au ton qu'il adopterait dans l'air raréfié?

Cinquième expérience. « Pour connaître à quel degré l'eau entrait en ébullition à cette élévation, je me suis servi de chaux vive afin de produire la chaleur; mais, par une distraction pardonnable dans l'état où je me trouvais, je plaçai mon thermomètre dans le vase qui produisait la chaleur, au lieu de l'introduire dans celui qui devait la recevoir. L'instrument fut saisi si subitement, au moment même où je m'aperçus de l'erreur, que je ne pus le sauver. Il est constant que lorsqu'elle entra en ébullition, je pouvais y mettre la main. »

Sixième expérience. « Une goutte d'éther vitriolique s'évapora en quatre secondes; son odeur nous affecta d'une manière douloureuse, mais utile. Cette circonstance me fit sentir qu'il est indispensable, dans un voyage à cette élévation, de se munir d'une fiole d'alcali volatil et de vinaigre très-fort, enfin de quelque stimulant qui, en excitant la fibre, détourne l'assoupissement et le sommeil qui accablent le physicien et lui ôtent l'aptitude nécessaire à ses recherches. A ce point élevé, l'état où nous nous trouvions était celui de l'indifférence : là, le physicien n'est plus sensible à la gloire et à la passion des découvertes; le danger même qui résulte dans ce voyage de la plus légère négligence ne l'occupe guère; ce n'est qu'à l'aide d'un peu de vin fortifiant qu'il parvient à retrouver des intervalles de lumière et de volonté.

« Comme je ne veux rien omettre de ce qui peut jeter quelque jour sur les fonctions de l'économie animale, et les opérations de la nature à cette élévation, je dois faire remarquer que, lorsque le baromètre était encore à 12 pouces, mon compagnon m'offrit du pain : je fis de vains efforts pour l'avaler, je ne pus jamais y parvenir. Si l'on considère attentivement l'état de l'atmosphère où j'étais, et dont la grande rareté n'offrait qu'une légère résistance à ma poitrine qui se dilatait; si l'on considère la petite quantité d'oxygène que doit contenir le fluide dans lequel je nageais, on pourra croire que mon estomac déjà plein d'un air plus dense et appauvri par la perte de l'oxygène, n'était point propre à recevoir des aliments solides et encore moins à les digérer. Je dois ajouter que les sécrétions naturelles ont été suspendues chez mon ami et chez moi pendant les cinq heures de voyage, et qu'elles n'ont eu lieu que trois heures après notre retour sur la terre. »

Septième expérience. « J'avais emporté deux oiseaux : au moment de l'expérience, j'en trouvai un mort sans doute par la raréfaction de l'air; l'autre paraissait assoupi. Après l'avoir placé sur le bord de la gondole, je cherchai à l'effrayer pour lui faire prendre la fuite, il agita ses ailes, mais ne changea pas de place; alors je l'abandonnai à lui-même, et il tomba perpendiculairement et avec une extrême vitesse. Il n'y a point de doute que les oiseaux ne pourraient se maintenir à cette élévation.

Huitième expérience. « Des faits nouveaux relatifs à l'optique s'offrent aussi au physicien dans les régions supérieures. L'atmosphère inférieure était d'une pureté parfaite, tandis que celle qui était au-dessus de nos têtes était grise et brumeuse, de manière que ce beau bleu d'azur, alors visible pour l'homme qui se trouvait sur la terre, n'existait plus pour nous. (Il faut observer que le temps était calme et serein, et le jour le plus beau de la nature.) Le soleil ne nous paraissait pas éblouissant; sa chaleur avait diminué en raison de notre élévation; elle était nulle lorsque l'on portait la main en dehors de la gondole, elle était faiblement sensible dans l'intérieur où les rayons éprouvaient une légère réflexion. »

« A onze heures et demie le ballon n'était plus visible pour la ville de Hambourg, du moins personne ne nous a assuré nous avoir observés à cette heure-là. Le ciel était si pur sous nos pieds, que tous les objets se peignaient à nos yeux, dans un diamètre de plus de 25 lieues, avec la plus grande précision, mais dans la proportion de la plus petite miniature. A onze heures quarante minutes, la ville de Hambourg ne paraissait plus que comme un point rouge à nos yeux; l'Elbe se dessinait en blanc comme un ruban très-étroit: je voulus faire usage d'une lunette de Dollon, mais ce qui me surprit, c'est qu'en la prenant je la trouvai si froide que je fus obligé de l'envelopper dans mon mouchoir pour la maintenir. Lorsque nous étions à notre plus grande élévation, il s'éleva du côté de l'est quelques nuages sous nos pieds, mais à une distance telle, que mon ami crut que c'était un incendie dans quelque ville. La lumière étant différemment réfléchie par les nuages que sur la terre, leur fait prendre des formes plus arrondies et leur donne une couleur blanchâtre et éblouissante comme la neige; beaucoup d'objets tels que des habitations, des lacs ou des bois, nous paraissaient des concavités.

« Ne pouvant supporter aussi longtemps que nous l'aurions désiré la position pénible où nous nous trouvions, nous descendîmes après avoir perdu beaucoup de gaz et de lest. Notre descente nous offrit le spectacle de la terreur que peut inspirer un aérostat aussi grand que le nôtre, dans un pays où l'on n'a jamais vu de semblables machines : elle s'effectuait justement au-dessus d'un pauvre village appelé Radenbourg, placé au milieu des bruyères du Hanovre. Notre apparition y jeta l'alarme, et l'on s'empressa de ramener les bestiaux des campagnes.

« Pendant que notre aérostat descendait avec assez de vitesse, nous agitions nos chapeaux, nos banderoles, et nous appelions à nous les habitants, mais notre voix augmentait leur terreur[1]. Ces villageois couraient en désordre jetant des cris affreux; ils abandonnaient leurs troupeaux, dont les beuglements augmentaient encore l'alarme. Lorsque l'aérostat toucha la terre, chacun s'était renfermé chez soi. Ayant appelé inutilement à plusieurs reprises, et craignant que la frayeur ne les portât à quelques violences, nous jugeâmes qu'il était prudent de remonter, et je m'y déterminai avec d'autant plus de plaisir que je désirais faire un troisième essai sur l'électricité, que deux fois j'avais obtenue positive.

« Cette seconde ascension épuisa tout à fait notre lest: nous en pressentions le besoin, car le ballon ayant

[1] Les villageois avaient pris l'aérostat pour un oiseau qu'ils croient invulnérable et que le préjugé leur fait connaître sous le nom d'*oiseau de fer* ou *aigle d'acier*.

nagé dans une atmosphère très-raréfiée, était flasque et avait perdu beaucoup de gaz ; nous fîmes cependant encore dix lieues. Je prévis que notre descente serait extrêmement accélérée : comme il ne me restait plus de lest, je rassemblai tout ce qu'il y avait dans la nacelle, tels que les instruments de physique, le baromètre même, le pain, les cordes, les bouteilles, les effets, jusqu'à l'argent que nous avions sur nous ; je déposai tous ces objets dans trois sacs, qui avaient contenu le sable, je les attachai à une corde que je fis descendre à cent pieds au-dessous de la gondole. Ce moyen nous préserva de la secousse. Le poids parvint à terre avant l'aérostat, qui se trouva allégé de plus de 30 livres. Il descendit plus lentement sur la bruyère, entre Wichtenbech et Hanovre, après avoir parcouru 25 lieues en cinq heures et demie. On peut évaluer l'élévation de l'aérostat à 3,679 toises. »

Après cette ascension, Robertson fut en relation avec des savants de Hambourg, et notamment le professeur Pfaff, qui s'occupaient de la navigation aérienne au point de vue des questions météorologiques. Quelques jours après cette ascension, ce professeur écrivait à l'aéronaute : « Vous parlez d'une certaine hauteur à laquelle le gaz inflammable (hydrogène) se trouvera probablement en équilibre dans l'atmosphère. Je crois que cette hauteur est l'extrémité de l'atmosphère elle-même; car, comme le gaz inflammable a une élasticité spécifique beaucoup plus grande que l'air atmosphérique, il se dilatera successivement en montant dans les régions plus hautes de l'atmosphère, et sa pesanteur spécifique diminuera dans le même rapport que la pesanteur spécifique de l'air atmosphérique : il sera donc toujours et constamment spécifiquement plus léger que l'air atmosphérique, et il ne cessera de monter que quand il sera arrivé au-dessus de l'atmosphère elle-même. C'est pour cela qu'un aérostat rempli de gaz inflammable arrivera jusqu'à une hauteur indéfinie, si deux conditions peuvent être complétement remplies : 1° la condition que le gaz inflammable puisse se dilater sans sortir de l'aérostat à mesure qu'il monte, 2° la condition que le gaz inflammable contenu dans le ballon ne se mêle pas du tout avec l'air atmosphérique. »

Une nouvelle expérience fut fixée pour le 14 août. Le professeur et le physicien devaient la faire ensemble, mais le premier fut arrêté dans son projet par les instances et les inquiétudes de sa famille. « Je partis seul avec mon ami Lhoest, dit Robertson, à midi quarante-deux minutes, le baromètre indiquant 27 pouces 11 lignes et le thermomètre 21 degrés. Parvenu à une certaine élévation, j'abandonnai deux parachutes de différents diamètres, avec des poids égaux, pour évaluer la résistance de l'air.

« A midi cinquante et une minutes nous montions entre deux nuages majestueux qui semblaient s'entr'ouvrir pour nous offrir un passage. La forme de ces masses de vapeur blanchâtre est allongée et présente des lambeaux longs et perpendiculaires à la terre. Leurs parties supérieures n'offrent pas dans leur ensemble une surface unie comme nous le voyons de la terre, mais elles se terminent en forme conique ou pyramidale. Cet effet est sans doute dû au calorique, qui en fait des espèces de ballons ou montgolfières, dont l'élévation est en rapport avec la densité de l'atmosphère. Les masses imposantes de vapeur semblaient se précipiter avec impétuosité vers la terre, comme pour s'abîmer. Mais cette illusion d'optique était due à l'immobilité apparente de l'aérostat, qui parcourait environ 20 pieds par seconde.

« La crainte de perdre de vue la mer Baltique que

nous apercevions par intervalles entre les nuages, nous obligea de renoncer au projet de nous élever aussi haut que la dernière fois. Le baromètre était à 15 pouces et le thermomètre à 1 degré au-dessous de 0. J'abandonnai deux pigeons : l'un descendit dans une diagonale peu inclinée, les ailes entr'ouvertes et sans les agiter, avec une vitesse qui ressemblait à une chute; l'autre voltigea un instant et vint se fixer auprès de nous et ne voulut pas nous quitter. D'après l'invitation du docteur Reimarus, je fis le même essai sur des papillons : l'air se trouva trop raréfié; ils tentèrent en vain de s'élever, mais ils n'abandonnèrent pas la gondole.

« Avec un verre convexo-convexe de 6 pouces de foyer, j'essayai de brûler l'amadou, le soufre, etc., etc.; je n'y parvins qu'au bout de plusieurs minutes. Je transvasai le mercure d'une bouteille pour recueillir l'air de la région qui m'entourait.

« D'après l'invitation de M. le docteur Rheitre, j'avais emporté des vessies remplies d'air atmosphérique, à moitié, à un tiers, à un quart : elles se sont distendues dans les proportions de l'air qu'elles contenaient. La première était crevée avant que le baromètre eût atteint 20 pouces. J'ai observé que la lumière réfractée par un prisme n'offre plus cette coloration vive et distincte : elle est fade et confuse. Les poids suspendus à un peson à ressort perdent de leur gravité; l'aiguille d'inclinaison me parut recommencer ses oscillations.

« Le vent continuant à me porter vers la mer, je résolus de terminer mes observations. J'effectuai ma descente dans une prairie, à côté d'une forêt, près du village de Rehorst, dans le Holstein, après avoir parcouru environ 16 lieues de France en soixante-cinq minutes.

« L'air que j'avais rapporté fut analysé par M. le docteur Schmeisser. Son analyse ne donne pas les mêmes résultats que celle de M. Gay-Lussac, car il trouva une diminution sensible dans les proportions de l'oxygène, ce qui est très-probable et même très-conforme à l'opinion de plusieurs physiciens distingués qui ont porté leur investigation hors des laboratoires. »

Cette première dissidence entre Gay-Lussac et Robertson n'est pas la seule, et nous pouvons même dire que la plupart des faits observés par l'un et l'autre se contredisent. Comme il est difficile de suivre ici le précepte populaire et d'aller voir de quel côté est la vérité, nous avouerons que nous préférons l'autorité de Gay-Lussac à celle de Robertson. Un sentiment de rivalité de la part de celui-ci nous paraît au moins ridicule. Certes, il a raison de protester contre « les savants constitués, appointés même, pour exciter et entretenir l'émulation de ceux qui se livrent à des recherches utiles, et qui ne font, pour la plupart, servir cette auguste mission qu'à faire de la science un domaine exclusif pour eux et leurs clients. » Il est malheureusement vrai, qu'aujourd'hui même, il est, même parmi les astronomes, des savants, qui méritent ce grave reproche. Mais cette indignité d'esprit n'autorise pas à révoquer en doute la valeur scientifique de ces hommes et de leurs expériences.

Au commencement de l'année 1804, Laplace proposa à l'Institut de profiter des moyens offerts par l'aérostation pour vérifier à de grandes hauteurs certains points de physique, et notamment ceux qui concernent la propriété magnétique dont Saussure avait cru reconnaître un affaiblissement sensible dans ses expériences sur le *col du Géant;* il ajouta que le gouvernement ayant alloué certains fonds à l'Institut pour des expériences utiles, il lui paraissait bien à propos de les employer à de telles recherches. Berthollet et plusieurs autres membres, qui avaient aussi des expériences ou vérifications à proposer, appuyèrent l'avis de Laplace. Cette proposition ne pouvait être faite dans des circonstances plus favorables, puisqu'un des membres les plus distingués de cette classe de l'Institut, Chaptal, était alors ministre de l'intérieur. Aussi la décision fut-elle aussitôt prise, et Biot et Gay-Lussac furent désignés pour l'exécution. On ne pouvait faire un meilleur choix, ces deux savants étant les plus jeunes et les plus ardents professeurs de l'époque.

L'aérostat s'était trouvé plus tôt prêt que les aéronautes, qui crurent pouvoir le faire attendre, retenu qu'il était à des piquets par des cordages. Mais ces piquets avaient été plantés sur le terrain tout récemment remué, et par conséquent peu solide, du Luxembourg : une pluie abondante tombée la veille ou dans la nuit avait détrempé ce terrain, de sorte que les piquets ne purent tenir contre la force ascensionnelle de l'aréostat. Les aéronautes arrivant furent fort étonnés de le voir en l'air, et bien des gens occupés à ramener le fugitif, dont très-heureusement on avait saisi les lisières. On décida qu'il fallait l'établir dans un local plus convenable, et remettre l'ascension à un autre jour. Ce fut dans le jardin du « Conservatoire des arts, » et par un temps très-favorable, qu'elle se fit, belle, majestueuse et sans le moindre accident.

Voici, pour les physiciens, la correspondance de la relation de M. Biot avec le rapport fait à la Société galvanique sur le Mémoire de Robertson.

Relation de MM. Biot et Gay-Lussac. « Nous avons observé nos animaux à toutes les hauteurs; ils ne paraissaient souffrir en aucune manière. Pour nous, nous n'éprouvions aucun effet, si ce n'est une accélération du pouls. A 3,400 mètres de hauteur, nous donnâmes la liberté à un petit oiseau que l'on nomme un verdier; il s'envola aussitôt, mais revint presque à l'instant se poser sur nos cordages; ensuite, prenant de nouveau son vol, il se précipita vers la terre, en décrivant une ligne tortueuse, peu différente de la verticale. Nous le suivîmes des yeux jusque dans les nuages où nous le perdîmes de vue. Mais un pigeon, que nous lâchâmes de la même manière, à la même hauteur, nous offrit un spectacle plus curieux : remis en liberté sur le bord de la nacelle, il y resta quelques instants, comme pour mesurer l'étendue qu'il avait à parcourir; puis il s'élança en voltigeant d'une manière inégale, en sorte qu'il semblait essayer ses ailes; mais, après quelques battements, il se borna à les étendre tout à fait : il commença à descendre vers les nuages, en décrivant de grands cercles, comme tous les oiseaux de proie. Sa descente fut rapide, mais réglée; il entra bientôt dans les nuages, et nous l'aperçûmes encore au-dessous. »

Quant aux voyageurs eux-mêmes, voici comment ils parlent de leur situation à 2,724 mètres de hauteur, suivant leur estimation.

« Vers cette élévation, nous observâmes les animaux que nous avions emportés; ils ne paraissaient pas souffrir de la rareté de l'air; cependant le baromètre était à 20 pouces 8 lignes; ce qui donne une hauteur de 2,622 mètres. Une abeille violette, à qui nous avons donné la liberté, s'envola très-vite. Le thermomètre marquait 13 degrés de la division centigrade (104 de Réaumur). Nous étions très-surpris de ne pas éprouver de froid; au contraire, le soleil nous échauffait fortement : nous avions ôté les gants que nous avions mis d'abord, et qui ne nous ont été d'aucune utilité. Notre pouls était fort accéléré; celui de

M. Gay-Lussac, qui bat ordinairement 62 pulsations par minute, en battait 80; le mien, qui donne ordinairement 89 pulsations, en donnait 111. Cette accélération se faisait donc sentir pour nous deux à peu près dans la même proportion. Cependant notre respiration n'était nullement gênée; nous n'éprouvions aucun malaise, et notre situation nous semblait extrêmement agréable. »

Rapport à la Société galvanique. « Nous savons depuis longtemps qu'un animal ne peut passer impunément d'un air auquel il est habitué dans un air beaucoup plus dense et beaucoup plus rare. Dans le premier cas, il a à souffrir de l'effort de l'air extérieur, qui le presse outre mesure; dans le second, ce sont les liquides ou fluides élastiques faisant partie de son système, qui, moins pressés qu'ils ne doivent l'être, se dilatent et agissent contre leur enveloppe. Dans l'un et l'autre cas, ce sont à peu près les mêmes effets, anxiété, malaise général, bourdonnement d'oreilles, et souvent des hémorrhagies; l'expérience de la cloche du plongeur nous avait depuis longtemps indiqué ce qui arriverait aux aéronautes. Notre collègue et son compagnon de voyage ont éprouvé ces effets dans une grande intensité; ils avaient les lèvres gonflées, les yeux saignants; les veines arrondies se dessinaient en relief sur leurs mains, et, ce qui est très-remarquable, ils conservèrent l'un et l'autre un teint brun et rougeâtre qui étonnait ceux qui les avaient vus avant leur ascension. Cette distension des vaisseaux, dans leurs ramifications extrêmes, doit nécessairement produire un embarras, une gêne dans tous les mouvements musculaires; et c'est principalement à cette cause que je crois qu'il faut leur attribuer les vains efforts que fit notre collègue pour avaler le pain que son compagnon de voyage lui présenta lorsqu'ils étaient encore à une hauteur marquée par 12 pouces du baromètre. »

Relation de M. Biot. « Nous n'avions pas encore essayé l'électricité de l'air, parce que l'observation de la boussole, qui était la plus importante, avait absorbé presque toute notre attention ; d'ailleurs, nous avions toujours eu des nuages au-dessous de nous, et l'on sait que les nuages sont diversemênt électrisés. Nous n'avions pas encore les moyens nécessaires pour calculer leur distance d'après la hauteur du baromètre, et nous ne savions pas jusqu'à quel point ils pouvaient nous influencer. Cependant, pour essayer au moins notre appareil, nous tendîmes un fil métallique de 80 mètres de longueur (240 pieds), et, après l'avoir isolé de nous, nous prîmes de l'électricité à son extrémité supérieure, et nous la portâmes à l'électromètre : elle se trouva résineuse. Nous répétâmes deux fois cette observation dans le même moment : la première, en détruisant l'électricité atmosphérique par l'influence de l'électricité vitrée de l'électrophore ; la seconde, en détruisant l'électricité vitrée tirée de l'électrophore au moyen de l'électricité atmosphérique. C'est ainsi que nous pûmes nous assurer que cette dernière était résineuse. Cette expérience indique une électricité croissante avec les hauteurs, résultat conforme à ce que l'on avait déjà conclu par la théorie. »

Rapport à la Société galvanique. « De toutes les observations que notre collègue nous a communiquées, il n'en est pas, à mon avis, de plus importantes que celles dont il me reste à parler, et qui concernent l'électricité. Elles tendent à rectifier une erreur qui m'a paru générale dans une question qui occupe depuis quelque temps les physiciens : je veux parler des masses pierreuses et métalliques que l'on sait être tombées de l'atmosphère. Il en est bien peu, parmi ceux qui ont écrit sur ce phénomène, qui n'aient eu recours à l'électricité pour expliquer les effets lumineux et les détonations dont la chute de ces corps est constamment précédée.

« Une substance ne donne d'électricité par frottement qu'autant qu'on la fait communiquer avec le réservoir commun ; sans cela on la frotterait inutilement : or, les couches d'air que parcourt la masse métallique dans les régions supérieures sont, je pense, trop bien isolées pour que le frottement y produise l'effet ordinaire.

« Les expériences de notre collègue confirment en entier ces assertions, que je ne donnais que d'après un examen approfondi de la manière dont se comporte le fluide électrique par les divers moyens que nous avons de le mettre en jeu : « Dans cette élévation, dit-il, le verre, le soufre et la cire d'Espagne ne s'électrisent pas d'une manière sensible par le frottement ; du moins n'ai-je pu recueillir de cette électricité sur des conducteurs ni sur l'électromètre. » Ce physicien ne tarda pas à reconnaître la cause de l'inutilité du frottement, en considérant que le corps frotté et le corps frottant étaient isolés l'un et l'autre. L'expérience à laquelle cette observation le conduit nous en dit plus que nous ne pourrions en apprendre dans nos cabinets. »

Robertson cite une lettre qui lui fut adressée par Lalande, dans laquelle nous remarquons ce passage : « Vous avez la gloire d'être monté à une élévation où n'a atteint encore aucun mortel ; » et il ajoute : « Cependant, M. Biot a imprimé, dans son *Traité de physique,* et ne manque pas de répéter dans ses cours, au Collége de France, que M. Gay-Lussac s'est élevé à la plus grande hauteur où l'homme soit parvenu jusqu'à ce jour. Cette assertion, toute fausse qu'elle est, s'accrédite parmi la jeunesse, parce que je n'ai personne qui puisse dire chaque année à quelques centaines d'auditeurs que, plus d'un an avant l'ascension de M. Gay-Lussac, je m'étais élevé à 3,630 toises; et viendra bientôt le temps où personne ne saura ou ne se souviendra qu'avant l'ascension de MM. Biot et Gay-Lussac, j'en avais fait une semblable, et, comme la leur, dans l'intérêt de la science, mais pendant laquelle l'air de ces hautes régions s'était montré pour moi bien moins hospitalier que pour ces messieurs. »

CHAPITRE II

Ascensions de Biot et Gay-Lussac.

Arago n'a pas mis en évidence la contradiction qui existe entre les observations de Roberston, Lhoëst, Saccharof, et celles de Biot et Gay-Lussac.

Ces deux physiciens partirent du jardin du Conservatoire des Arts-et-Métiers, le 24 août 1804, munis de tous les instruments de recherches nécessaires, mais les petites dimensions de leur ballon ne leur permirent pas de dépasser la hauteur de 4,000 mètres. A cette hauteur ils essayèrent, à l'aide d'une aiguille aimantée horizontale, de résoudre le problème de l'intensité magnétique qui avait été le but principal de leur voyage; mais le mouvement de rotation du ballon présenta des obstacles sérieux et imprévus. Ils parvinrent toutefois à les surmonter en partie, et déterminèrent, dans ces régions aériennes, la durée de cinq oscillations de l'aiguille aimantée. On sait que cette durée doit augmenter là où la force magnétique qui ramène l'aiguille à sa position naturelle a diminué, et que cette durée doit être plus courte, si la même force directrice a augmenté. C'est donc un cas tout à fait analogue à celui du pendule oscillant, quoique les mouvements de l'aiguille s'exécutent dans le sens horizontal.

Ascension de Gay-Lussac seul.

Cette célèbre ascension eut lieu le 16 septembre 1804, à 9 heures 40 minutes du matin. Cette fois, Gay-Lussac s'éleva jusqu'à la hauteur de 7,016 mètres au-dessus du niveau de la mer.

Dans cette seconde ascension, la physique s'enrichit de plusieurs importants résultats.

On savait déjà, au moment de ce mémorable voyage, que l'air, sous toutes les latitudes et à peu de hauteur au-dessus du niveau de la mer, renferme à peu près les mêmes proportions d'oxygène et d'azote. Cela résultait avec évidence des expériences de Cavendish, de Macarthy, de Berthollet, de Davy. On avait appris aussi par les analyses de Saussure, exécutées sur de l'air près du col du Géant, qu'à la hauteur de cette montagne l'air contient la même proportion d'oxygène que celui de la plaine. Les analyses eudiométriques de Gay-Lussac, faites avec le plus grand soin sur l'air recueilli à 6,636 mètres de hauteur, établirent que dans ces hautes régions il était non-seulement composé en oxygène et en azote comme celui qu'on avait pris à la surface de la terre, mais encore qu'il ne renfermait pas un atome d'hydrogène.

Les lignes suivantes, extraites de la relation de Gay-Lussac, mettent sur la voie de l'explication véritable du malaise que les voyageurs les plus vigoureux éprouvent en gravissant des pics élevés tels que le mont Blanc [1].

Parvenu au point le plus haut de mon ascension, à

[1] Il est permis de remarquer que, dans un autre volume (*Voyages scientifiques*), Arago exprime la même idée d'une manière sensiblement différente : « Gay-Lussac a réduit à leur juste valeur les récits de douleurs physiques qu'on suppose ressentir dans les couches d'air très-élevées. »

7,016 mètres au-dessus du niveau moyen de la mer, dit le courageux physicien, ma respiration était sensiblement gênée ; mais j'étais encore bien loin d'éprouver un malaise assez désagréable pour m'engager à descendre. Mon pouls et ma respiration étaient très-accélérés : respirant très-fréquemment dans un air d'une extrême sécheresse, je ne dois pas être surpris d'avoir eu le gosier si sec, qu'il m'était pénible d'avaler du pain. Passons maintenant à l'expérience qui fut le motif principal de ces deux voyages, entrepris sous les auspices de la première classe de l'Institut, celle de l'étude de la variation de l'aiguille aimantée sous l'influence du globe à ces hauteurs. Gay-Lussac réussit, dans ce second voyage, à compter dans un temps déterminé, deux fois plus d'oscillations que dans le premier. Les résultats doivent donc offrir une plus grande exactitude. Il trouva qu'une aiguille qui, à la surface de la terre, employait 42^{s}2 pour faire 10 oscillations, n'exécuta le même nombre d'oscillations qu'en 42^{s}8 à la hauteur de 4,808 mètres au-dessus de Paris. Le résultat fut 42^{s}5 à 5,631 mètres, et 42^{s}7 à 6.884 mètres.

Après avoir terminé toutes ses recherches avec la tranquillité et le sang-froid d'un physicien dans son cabinet, Gay-Lussac prit terre à 3 heures 45 minutes entre Rouen et Dieppe, à 80 lieues de Paris, près du hameau de Saint-Gourgon, dont les habitants exécutèrent avec beaucoup de bienveillance toutes les manœuvres que le voyageur aérien leur commanda, afin que la nacelle n'éprouvât pas des secousses qui auraient mis les instruments en danger[1].

[1] « La gravité du sujet ne doit pas m'empêcher, dit Arago, de rapporter une anecdote assez singulière, dont je dois la connaissance à Gay-Lussac. Parvenu à 7,000 mètres, il voulut essayer de monter plus haut encore, et se débarrassa de tous les objets dont il pou-

vait rigoureusement se passer. Au nombre de ces objets figurait une chaise en bois blanc, que le hasard fit tomber sur un buisson tout près d'une jeune fille qui gardait les moutons. Quel ne fut pas l'étonnement de la bergère ! comme l'eût dit Florian. Le ciel était pur, le ballon invisible. Que penser de la chaise, si ce n'est qu'elle provenait du Paradis? On n'avait à opposer à cette conjecture que la grossièreté du travail; les ouvriers, disaient les incrédules, ne pouvaient là-haut être si inhabiles. La dispute en était là lorsque les journaux, en publiant toutes les particularités du voyage de Gay-Lussac, y mirent fin, et rangèrent parmi les faits naturels ce qui jusqu'alors avait paru un miracle. »

CHAPITRE III

Voyages de MM. Barral et Bixio.

Après les noms de Robertson, Gay-Lussac, Biot, la science a enregistré les noms de deux savants physiciens dont les études aéronautiques ont enrichi la météorologie de résultats plus importants peut-être que ceux dont nous venons de parler.

Nous donnerons une esquisse de leurs voyages scientifiques, d'après le rapport qu'en a fait Arago à l'Académie des sciences [1].

MM. Barral et Bixio avaient conçu le projet de s'élever en ballon à une grande hauteur, pour étudier, avec les instruments perfectionnés que nous possédons aujourd'hui, une multitude de phénomènes atmosphériques encore imparfaitement connus. Il s'agissait de déterminer la loi du décroissement de température avec la hauteur; la loi du décroissement de l'humidité; de décider si la composition chimique de l'atmosphère est la même partout; de doser l'acide carbonique à diverses élévations; de comparer les effets calorifiques des rayons solaires dans les plus hautes régions de l'atmosphère avec ces mêmes effets observés à la surface de la terre; de constater s'il arrive en un point

[1] Voy. OEuvres de François Arago, tome IX : *Voyages scientifiques*.

donné la même quantité de rayons calorifiques de tous les points de l'espace; de rechercher si la lumière réfléchie et transmise par les nuages est ou n'est pas polarisée, etc.

Toutes les dispositions étant faites dans le jardin de l'Observatoire de Paris, l'ascension eut lieu le samedi 29 juin 1850, à 10 heures 27 minutes du matin; le ballon étant rempli de gaz hydrogène pur, obtenu par l'action de l'acide chlorhydrique sur le fer.

D'après toutes les prévisions et tous les calculs, les deux physiciens devaient s'élever, si la constitution des couches supérieures de l'atmosphère s'accorde avec les idées théoriques aujourd'hui admises, jusqu'à la hauteur de 10,000 à 12,000 mètres.

Au moment du départ on put s'apercevoir facilement que plusieurs dispositions de l'appareil aérostatique n'étaient pas convenables. Le ballon, sous l'action incessante des rafales, s'était déchiré en plusieurs points, et l'on avait été obligé de le raccommoder en toute hâte; il tombait une pluie torrentielle. Que fallait-il faire? Ne pas partir eût été peut-être le plus prudent; mais MM. Barral et Bixio rejetèrent bien loin une pareille idée. Ils se placèrent dans la nacelle et s'élancèrent dans les airs, sans même qu'on eût pu prendre le soin, tant le vent était violent, de déterminer, avec un peson, la puissance ascensionnelle de l'aérostat. Leur mouvement de bas en haut fut extrêmement rapide. Tous les spectateurs le comparèrent à celui d'une flèche; bientôt MM. Barral et Bixio disparurent dans les nuages, et c'est au-dessus de ce rideau qui les dérobait à la vue des hommes que s'est accompli le drame émouvant qu'il nous reste à raconter.

Le ballon dilaté pressait avec une grande force sur les mailles du filet, qui était beaucoup trop petit; il s'enfla du haut en bas, descendit sur les voyageurs dont la nacelle avait été attachée avec des cordes trop courtes, et les couvrit en quelque sorte comme un chapeau. Alors les deux physiciens se trouvèrent dans la position la plus difficile; l'un d'eux, dans ses efforts pour dégager la corde de la soupape, produisit une ouverture dans le prolongement inférieur du ballon; le gaz hydrogène qui s'échappait presque à la hauteur de leur tête les asphyxia successivement, ce qui occasionna chez eux des syncopes momentanées et d'abondants vomissements.

En consultant le baromètre, MM. Barral et Bixio s'aperçurent qu'ils descendaient rapidement; ils cherchèrent à découvrir la cause de ce mouvement imprévu, et reconnurent que le ballon s'était déchiré dans la région de son équateur sur une étendue de près de deux mètres. Ils comprirent alors, avec un sang-froid qu'on ne saurait trop admirer, que tout ce qu'ils pouvaient espérer, c'était de sortir la vie sauve de leur entreprise hardie; ils descendaient avec une vitesse très-supérieure à leur ascension, ce qui n'est pas peu dire. MM. Barral et Bixio se débarrassèrent de tout ce qui leur restait de lest; ils jetèrent par-dessus les bords de la nacelle des couvertures dont ils s'étaient munis pour se garantir du froid, et jusqu'à leurs bottes fourrées, mais ne se séparèrent d'aucun de leurs instruments de recherches.

Les aéronautes tombèrent, à onze heures quatorze minutes, dans une vigne dont le terrain était heureusement détrempé, près Lagny. Les laboureurs et les vignerons accoururent, trouvèrent les deux physiciens se tenant par les jambes et les bras enlacés dans les ceps de vigne, afin de neutraliser autant que possible le mouvement horizontal de la nacelle; ils leur prêtèrent les secours les plus empressés.

Dans ce voyage, la couche de nuages traversée par les deux aéronautes avait au moins 3,000 mètres d'épaisseur; et, après être arrivés à une hauteur de 5,900 mètres, ils descendirent tellement vite, par suite d'une déchirure à la partie supérieure du ballon, qu'ils parcoururent 5,800 mètres en quatre à cinq minutes.

MM. Barral et Bixio recommencèrent immédiatement les préparatifs d'une nouvelle ascension aérostatique qui eut lieu un mois après la précédente. Ils partirent encore du jardin de l'Observatoire, et comme la première fois, Arago fut témoin de leur départ. Il prit part à toutes les décisions arrêtées pour rendre le voyage fructueux au point de vue de la science.

Aux plus grandes hauteurs où ils soient parvenus, les voyageurs n'éprouvèrent aucun malaise. M. Bixio ne ressentit pas les vives douleurs d'oreilles dont il avait souffert la première fois, sans doute à cause de la précaution qu'il prit de maintenir l'air contenu dans cet organe et l'air extérieur à la même pression, en faisant de temps à autre le mouvement de déglutition. Ajoutons que les deux physiciens ont rencontré une couche de nuages qui avait plus de 5,000 mètres d'épaisseur, qu'ils ne sont pas parvenus à la traverser entièrement, que leur descente a commencé à s'opérer contre leur gré, à la hauteur d'environ 7,000 mètres, que cette descente involontaire a été l'effet d'une déchirure qui s'était produite dans la partie inférieure du ballon. Ils pouvaient, en jetant leur dernier lest, prolonger peut-être leur séjour dans les hautes régions auxquelles ils étaient parvenus, mais les circonstances dans lesquelles ils étaient placés ne leur permettaient plus d'obtenir des documents utiles à la science, et ils ont dû renoncer à lutter contre la cause qui les forçait à se rapprocher de la surface de la terre.

Lorsque les voyageurs eurent atteint leur station supérieure dans ce nuage de 5,000 mètres d'épaisseur, il se forma dans la masse vaporeuse qui les entourait une éclaircie à travers laquelle ils virent le bleu du ciel. Le polariscope, dirigé vers cette région, montrait une polarisation interne; lorsqu'on pointait à côté, hors de l'éclaircie, la polarisation était nulle.

Un phénomène optique assez intéressant a signalé cette ascension. Avant d'atteindre la hauteur limite, la couche de nuages qui couvrait le ballon ayant diminué d'épaisseur ou étant devenue moins dense, nos deux observateurs virent le soleil affaibli et tout blanc; en même temps ils aperçurent au-dessous du plan horizontal de la nacelle, au-dessous de leur horizon, et à une distance angulaire de ce plan égale à celle qui mesurait la hauteur du soleil, un second soleil semblable à celui qu'eût réfléchi une nappe d'eau située à cette hauteur. Il est naturel de supposer, comme l'ont fait nos deux voyageurs, que le second soleil était formé par la réflexion des rayons lumineux sur les faces horizontales de cristaux de glace flottant dans cette atmosphère vaporeuse.

« Venons maintenant, dit Arago, au résultat le plus extraordinaire, au résultat tout à fait inattendu qu'ont fourni les observations thermométriques. Gay-Lussac, dans son ascension par un temps serein ou plutôt légèrement vaporeux, avait trouvé une température de 9°,5 au-dessous de zéro, à la hauteur de 7,016 mètres. C'est le minimum qu'il ait observé. Cette température de 9°,5 au-dessous de zéro, MM. Barral et Bixio l'ont trouvée dans le nuage, à la hauteur d'environ 6,000 mètres; mais à partir de ce point-là, et dans une étendue d'environ 600 mètres, la température varia d'une manière tout à fait extraordinaire et hors de toute prévision. Ils ont vu à la hauteur de 7,049 mètres, à quelque distance de la limite supérieure du nuage, le thermomètre centigrade descendu à 39 degrés au-dessous de zéro. C'est 30 degrés au-dessous de ce qu'avait trouvé Gay-Lussac à la même hauteur, mais dans une atmosphère sereine.

Cette hauteur de 7,049 mètres a été déduite des calculs de M. Mathieu, en tenant compte de la diminution de la pesanteur à ces grandes hauteurs et de l'influence de l'heure de la journée sur la mesure barométrique des hauteurs, c'est-à-dire à 33 mètres au-dessus de celle où Gay-Lussac s'est élevé. Il est juste que les formules à l'aide desquelles on calcule les hauteurs reposent sur l'hypothèse d'un décroissement de température à peu près uniforme, et que, dans ce cas-ci, un changement de hauteur que l'on peut évaluer à 600 mètres, a donné lieu à une variation d'environ 30 degrés, tandis que, dans l'air serein, la variation n'aurait été que de 4 à 5 degrés.

Voici maintenant un extrait du journal de voyage des deux savants physiciens :

« Après être arrivés à une hauteur considérable dans l'atmosphère, nous ouvrons une cage où se trouvaient deux pigeons ; ils refusent de s'échapper ; nous les lançons dans l'espace ; ils étendent leurs ailes, tombent en tournant et décrivent de grands cercles en disparaissant bientôt dans le brouillard qui nous entoure. Nous n'apercevons pas au-dessous de nous l'ancre qui est attachée à l'extrémité d'une corde de 50 mètres de long que nous avions déroulée.

« Nous jetons du lest et nous nous élevons davantage. Les nuages s'écartent au-dessus de nous, et nous voyons dans le ciel une place d'un bleu d'azur clair, semblable à celui que l'on voit sur terre par un temps serein.

« Nos doigts sont roidis par le froid, mais nous

n'éprouvons aucune douleur d'oreilles, et la respiration n'est nullement gênée. — Le ciel est de nouveau couvert de nuages, mais laisse encore parvenir le soleil voilé et son image. — Nous savons qu'il y a intérêt à voir si le froid augmentera si nous parvenons à nous élever davantage. Nous jetons du lest, ce qui détermine une nouvelle ascension. — Le baromètre marque 35.02. L'extrémité de la colonne du thermomètre du baromètre est inférieure de 2 degrés environ à la dernière division tracée sur l'instrument. Cette division est — 37 degrés; la température était donc de — 39 degrés environ; la hauteur à laquelle nous sommes arrivés est de 7,039 mètres.

« Le baromètre oscille de 315 millim. 02 à 326 millim. 20; ainsi l'aérostat oscille de 7,039 mètres à 6,798. Il ne nous reste plus que 4 kilog. de lest, que nous jugeons prudent de conserver pour la descente. D'ailleurs il est inutile de chercher à monter davantage avec des instruments désormais muets; le mercure se congèle. Tout au plus pouvons-nous chercher à nous maintenir quelque temps à cette hauteur; mais, bien que l'appendice soit assez relevé pour éviter la sortie du gaz par son orifice, le ballon commence son mouvement descendant. — Nous faisons nos prises d'air. Le tube de l'un de nos ballons se casse sous l'effort que nous faisons pour en ouvrir le robinet; le second se remplit d'air sans accident. Mais le froid paralyse tous nos efforts; les observations sont devenues impossibles; nos doigts sont inhabiles à toute opération. Nous nous laissons descendre. — Nous rencontrons les petites aiguilles de glace. — Nous jetons la dernière portion de lest et tout ce que nous avons de disponible, hormis les instruments. — Nous touchons à terre au hameau de Peux, commune de Saint-Denis-lez-Rebais, arrondissement de Coulommiers. »

CHAPITRE IV

Voyages de MM. John Welsh, Glaisher, Coxwell.

Les excursions aéronautiques entreprises pendant ces derniers temps en Angleterre proclament, à la gloire des institutions savantes de cette nation, que leurs aéronautes préfèrent les expériences utiles aux spectacles frivoles. Au lieu de ballons de couronnements de fêtes, nous voyons là des expéditions dans le but d'étudier les phénomènes météorologiques et physiques qui se produisent dans les régions les plus élevées de l'atmosphère terrestre.

En juillet 1852, le comité de direction de l'Observatoire de Kew, près de Londres, résolut d'entreprendre ces voyages. Cette résolution fut approuvée par le conseil de l'Association britannique pour l'avancement des sciences, et les instruments furent immédiatement préparés.

Le ballon employé fut celui de M. Green, qui accompagna constamment M. John Welsh, chargé des observations ; il fut rempli de gaz d'éclairage.

La plus grande hauteur à laquelle M. Welsh est parvenu a été atteinte dans le quatrième voyage, exécuté le 10 novembre. Le départ eut lieu à 2 heures 21 minutes, et la descente à 3 heures 45 minutes, près de Folkstone, à 23 lieues à l'est-sud-est de Londres. Le ballon s'éleva jusqu'à 6,989 mètres, et la température minimum observée fut de — 23°6; le baromètre indiqua une pression minimum de 310 mil. 9. A terre, le baromètre marquait 761 mil. 1, et le thermomètre, + 9°6. Un premier nuage fut rencontré à 152 mètres de hauteur, sa surface supérieure se terminait à 600 mètres. Venait ensuite un espace de 620 mètres de hauteur libre de tout brouillard. A 1,220 mètres se trouvait un nouveau nuage qui se terminait à 1,494 mètres. Au delà il n'y avait plus que quelques cirrus placés à une très-grande hauteur.

L'on faisait observer en 1853 que jusqu'à cette époque l'homme n'était pas monté dans l'atmosphère jusqu'à la couche aérienne dans laquelle baignent les sommets les plus élevés des montagnes de l'Ancien et du Nouveau-Monde, le Kintschindjinga, haut de 8,592 mètres, et l'Aconcagua haut de 7,291 mètres. En gravissant les montagnes, l'homme n'a guère pu arriver qu'à 6,000 mètres. En juin 1802, Alexandre de Humboldt, accompagné de Bonpland, s'éleva à 5,878 mètres sur le Chimborazo. En décembre 1831, M. Boussingault, accompagné du colonel Hall, atteignit sur la même montagne la hauteur de 6,004 mètres au-dessus du niveau de la mer. Si l'on ajoute à ces deux célèbres excursions, les voyages aéronautiques de Lhoëst et Robertson, le 18 juillet 1803, de Gay-Lussac, le 16 septembre 1804, de MM. Barral et Bixio le 29 juillet 1850, de M. Welsh, le 26 août et le 10 novembre 1852, on aura le compte total de toutes les entreprises où il ait été donné à l'homme de se maintenir quelques instants dans des couches d'air situées à 6,000 ou 7,000 mètres au-dessus du niveau moyen des mers.

Le plus élevé de tous ces voyages fut celui de

MM. Barral et Bixio; ils s'élevèrent jusqu'à la hauteur de 7,049 mètres, où, comme nous l'avons vu plus haut, ils rencontrèrent un froid excessif de — 39°7.

Depuis cette époque, nous pouvons signaler d'autres ascensions plus élevées encore que les précédentes : ce sont celles de M. Glaisher, chef du département météorologique de l'Observatoire de Greenwich, avec l'aréonaute Coxwell.

Le 5 septembre 1862 les aéronautes anglais sont parvenus jusqu'à la hauteur de 10,000 mètres. A cette distance prodigieuse, le froid était si intense, que M. Coxwell perdit l'usage de ses mains; il ne put ouvrir la soupape pour redescendre en donnant issue au gaz qu'en tirant la corde avec ses dents. Depuis la hauteur de 8,500 mètres, M. Glaisher était déjà sans connaissance, et bien peu s'en fallut que les deux voyageurs ne restassent morts et gelés dans l'atmosphère. A huit kilomètres d'élévation le thermomètre était descendu à 21° au-dessous de zéro. La marche des températures, dans les ascensions de M. Glaisher, s'est montrée fort irrégulière : le mercure s'est maintenu au même niveau pendant un certain temps, lorsqu'on traversait un courant d'air chaud, et est même quelquefois monté de plusieurs degrés pendant que le ballon s'élevait. Ainsi, le 17 juillet 1862, la température resta à — 3° jusqu'à 4 kilom. de hauteur, elle se maintint à + 5°6 vers 6 kilom., et tomba rapidement à — 9° à 8 kilom. Des irrégularités analogues ont été observées les 18 août, 5 septembre, etc.

On a pu néanmoins former un tableau donnant la moyenne de la température pendant l'élévation. Il en résulte que la quantité dont il faut s'élever pour avoir un abaissement d'un degré s'augmente constamment avec la hauteur. Si à la surface du sol elle n'est que de 50 à 100 mètres, à 8 kilom. elle est de 550; le décroissement est donc devenu dix fois moins rapide qu'à la surface de la terre. Quand le ciel est couvert, le décroissement dans le premier kilomètre est moindre que lorsque le temps est serein; ce qui se comprend facilement, les nuages empêchant le rayonnement de la chaleur terrestre.

A 6 ou 7 kilom., l'humidité n'est plus que les 12 ou 16 centièmes de ce qu'elle est quand l'air est saturé de vapeur d'eau.

L'électricité est positive, elle diminue avec la hauteur également : à 700 mètres l'électroscope n'en accuse plus de traces.

On a trouvé en général que le mouvement du pouls était accéléré, mais ce phénomène est peu constant et diffère selon les personnes. Les mains et les lèvres de M. Glaisher bleuirent plusieurs fois entre 6 et 700 mètres de hauteur.

M. Glaisher a fait, sur la propagation des sons, plusieurs expériences intéressantes. On entendait à 3 kilom. l'aboiement d'un chien, le sifflement d'une locomotive; on entendit même, par une atmosphère extrêmement humide, à 6 *kilom. et demi* de hauteur. C'est la plus grande élévation à laquelle l'oreille ait pu percevoir des bruits partis de la surface terrestre. Dans la même ascension, exécutée à la fin du mois de juin 1863, M. Glaisher entendit le vent mugir sous lui, lorsqu'il se trouvait à 3 kilom. d'élévation. Le 31 mars, le sourd murmure de Londres s'entendait encore à 2 kilom. de hauteur; un autre jour, au contraire, les cris de plusieurs milliers de personnes n'étaient plus perceptibles au-dessus de 1,500 mètres.

Dans la descente de la dernière ascension de M. Glaisher, de grosses gouttes d'eau tombaient sur le ballon, à 5 kilom. du sol. Depuis 4 jusqu'à 6 kilom. on traversait une tourmente de neige; seulement, au lieu de tomber, la neige semblait s'élever au-dessus du ballon qui descendait plus rapidement. On ne voyait guère de flocons neigeux, mais beaucoup de cristaux aciculaires. La neige cessa à trois kilomètres de hauteur; les couches inférieures de l'air offraient alors une teinte brune, excessivement foncée et sombre. A 1,500 mètres, les aéronautes avaient épuisé tout leur lest, et le ballon tomba comme un corps inerte. Il arriva à terre en produisant un choc terrible qui brisa plusieurs instruments.

A 7,250 mètres d'altitude M. Glaisher trouva la température de l'air égale à 18 degrés au-dessous de zéro.

On peut juger, d'après ces diverses ascensions, quel froid énorme doit régner dans les régions planétaires et quelles nombreuses difficultés les aéronautes ont à subir pour exécuter les expériences scientifiques dans les hautes régions de l'atmosphère!

CHAPITRE V

Les aérostats à la tête des armées.

Guerres de la République. — Compagnie des aérostiers. — Bataille de Fleurus. — Les ballons en Égypte. — Napoléon. — Services modernes. — Guerre d'Italie. — Guerre d'Amérique.

Nous terminerons notre panorama par l'histoire de l'aérostation militaire.

A peine les premières ascensions avaient-elles étonné le monde en révélant un nouveau domaine à la conquête scientifique du génie que les esprits chercheurs se mirent à bâtir sur cette nouvelle conquête mille applications directement utiles aux usages de l'homme. Le premier aspect qui domina dans l'ère de l'aérostation, fut celui de l'utilité pratique. Depuis on a dégénéré et l'on s'est laissé séduire par l'agrément et la frivolité de quelques excursions de plaisir. Si l'on se reporte aux préoccupations de l'époque et aux graves événements qui pesaient sur la destinée de la France, on comprendra que le Comité de salut public ait songé à. appliquer les aérostats à l'observation des forces et des manœuvres des troupes ennemies. En 1794, on mit ce moyen au service des armées françaises et l'on créa à cet effet deux compagnies d'*aérostiers*. Le commandement de l'une de ces compagnies fut donné au capitaine Coutelle, jeune physicien d'un grand talent, qui rendit de mémorables services pendant la bataille de Fleurus. Les globes aérostatiques étaient maintenus captifs au moyen de cordes à une hauteur convenable dans l'atmosphère : c'était des postes aériens d'observation. Placé dans la nacelle, le capitaine transmettait ses ordres aux aérostiers au moyen de drapeaux de différentes couleurs. Le jeune Coutelle, chargé de cette expédition, devenu plus tard colonel, a donné de ses opérations un récit pittoresque et animé qui nous retrace l'un des aspects de ces jours mémorables de la grande république. Il s'agit des armées de Sambre-et-Meuse et du Rhin. Voici cette relation, l'une des pages intéressantes de notre histoire scientifique et militaire.

Le Comité de salut public avait réuni auprès de lui une commission de savants parmi lesquels on comptait Monge, Berthollet, Guyton de Morveau, Fourcroy, Carnot, etc. Guyton proposa de faire servir l'aérostat aux armées, comme moyen d'observation. Cette proposition fut acceptée par le gouvernement, sous la condition de ne pas employer l'acide sulfurique, le soufre étant nécessaire à la fabrication de la poudre; la commission arrêta alors d'employer la décomposition de l'eau.

Cette expérience, faite par le célèbre Lavoisier, et répétée dans nos cabinets, n'avait pu donner que de faibles résultats; une expérience en grand était nécessaire : il fallait pouvoir extraire 12 à 15,000 pieds cubes de gaz dans l'espace de temps le plus court.

L'expérience réussit; Coutelle retira 5 à 600 pieds cubes de gaz. Les membres de la commission, qui avaient été témoins de l'opération, furent si satisfaits, que dès le lendemain il reçut l'ordre d'aller en poste à Maubeuge proposer au général Jourdan l'emploi d'un aérostat à son armée.

Le représentant auquel il devait présenter son ordre ne comprit d'abord ni sa mission ni l'ordre du Comité de salut public, encore moins un aérostat au milieu d'un camp : il le menaça de le faire fusiller avant de l'entendre, comme suspect; il finit pourtant par se radoucir, et lui fit des compliments sur son dévouement.

« L'armée était à Beaumont, dit Coutelle, six lieues au delà de Maubeuge; l'ennemi, à moins d'une lieue de distance, pouvait attaquer à chaque instant. Le général me fit cette observation, qu'il m'engagea à porter au Comité. J'arrivai à Paris après avoir passé deux jours et demi et deux nuits à cette expédition.

« La commission sentit alors la nécessité de faire l'expérience entière avec un aérostat propre à élever deux personnes, et le ministre mit à ma disposition le jardin et le petit château de Meudon.

« Plusieurs des membres de la commission vinrent présider à la première expérience d'une ascension au moyen d'un ballon tenu par deux cordes.

« Les commissaires m'engagèrent à me placer dans la nacelle et me donnèrent une suite de signaux à répéter et d'observations à faire. Je me fis élever successivement de toute la longueur des cordes, deux cent soixante-dix toises : j'étais alors à 350 toises environ au-dessus du niveau de la Seine : je distinguais parfaitement, avec une lunette, les sept coudes de la rivière jusqu'à Meulan. Rappelé à terre, je reçus des compliments des membres de la commission, auxquels je ne dissimulai pas l'impression que pouvait éprouver celui qui, pour la première fois, se trouverait ainsi isolé à une plus ou moins grande distance de la terre, et je leur fis sentir la nécessité d'être toujours deux, c'est-à-dire une personne avec celle qui est à la tête de toutes les opérations.

« Arrivé à Maubeuge, mon premier soin fut de chercher un emplacement, de construire mon fourneau, de faire les provisions de combustible, et de tout disposer en attendant l'arrivée de l'aérostat et des appareils qui avaient servi à ma première expérience de Meudon.

« Les différents corps de l'armée ne savaient de quel œil regarder des soldats qui n'étaient pas encore sur l'état militaire, et dont le service ne leur était pas connu. Le général qui commandait à Maubeuge ordonna une sortie contre les Autrichiens, retranchés à une portée de canon de la place. Je lui demandai à être employé avec ma petite troupe dans cette attaque. Deux des miens furent grièvement blessés; le sous-lieutenant reçut une balle morte dans la poitrine. Nous rentrâmes dans la place au rang des soldats de l'armée.

« Chaque jour nous trouvions des différences sensibles, soit dans les travaux que l'ennemi avait faits pendant la nuit, soit dans ses forces apparentes. Le cinquième jour, une pièce de 17, embusquée dans un ravin à demi-portée de canon, tira sur le ballon aussitôt qu'il fut aperçu au-dessus des remparts : le boulet passa par-dessus; un second coup fut bientôt préparé; je voyais charger et mettre le feu à la pièce : le boulet, cette fois, passa si près que je crus l'aérostat percé. Au troisième coup, le boulet passa dessous. Tous traversaient la ville et allaient tomber au milieu du camp retranché. (J'avais avec moi un aérostier qui avait longtemps servi d'observateur à la tour, et que j'avais enrôlé dans ma compagnie.) Lorsque j'eus donné le signal de nous ramener à terre, ma troupe mit une telle activité pour m'y faire arriver que la pièce ne put tirer que deux coups. Le lendemain matin, la pièce n'était plus en position.

« L'expérience m'avait appris ce qu'il me fallait de force et d'adresse pour résister au vent ou pour se mettre en garde contre ses atteintes imprévues : j'employai la nuit à disposer vingt cordes autour de l'équateur du filet, que je rendis solides par des attaches très-rapprochées et des coulants; chaque aérostier devait porter sa corde, la fixer et la détacher au premier signal : la nacelle se suspendait et se détachait de la même manière : nous pûmes sortir de la place et passer près des vedettes ennemies à la pointe du jour.

« Je voyageais avec le ballon à une élévation suffisante pour que la cavalerie et les équipages militaires pussent passer sous la nacelle; les aérostiers qui tenaient les cordes marchaient sur les deux bords de la route.

« La nacelle portait les deux cordes d'ascension, une grande toile qui servait aussi à contenir le ballon sur terre pendant la nuit, pour abattre le ballon, lorsque le vent était trop fort; des piquets, des masses et des pioches avec les sacs et les signaux. Le ballon pouvait enlever 500 livres; mais le plus faible excès de légèreté suffisait pour s'élever dans le calme : alors je portais dans ma nacelle des sacs de sable de 10 et 20 livres, dont je diminuais le nombre, suivant la force du vent, ou que je vidais, si des coups de vent me surprenaient. A Maubeuge, un coup de vent imprévu me portait sur la pointe d'un clocher; un sac de 20 livres que je jetai brusquement me fit relever.

« A trois heures de l'après-midi (l'attaque avait commencé à trois heures et demie du matin), le général Jourdan me donna l'ordre de m'élever et d'observer un point sur lequel il me fit donner une note. Pendant que j'observais avec un officier de ma compagnie (le général n'avait point d'officier d'état-major disponible), un bataillon qu'on faisait porter sur un autre point par le chemin le plus court, passa sous mes cordes ; j'entendis plusieurs voix qui répétaient avec humeur qu'on les faisait battre en retraite; je distinguai parfaitement la voix de l'un d'eux, qui leur dit : « Si nous battions en retraite, le ballon ne serait pas là. »

« Plusieurs officiers autrichiens qui étaient à la bataille de Fleurus m'ont assuré, lorsqu'ils étaient en France, qu'il a été tiré sur nous plusieurs coups de carabine. Après quelques autres reconnaissances, nous suivîmes les mouvements de l'armée.

« Nous étions près des hauteurs de Namur, lorsqu'un coup de vent, que nous n'avions pu prévoir, porta le ballon sur un arbre qui le fendit dans sa partie supérieure; dans un instant il fut vidé.

« Les généraux autrichiens et les officiers de leur armée ne cessaient pas d'admirer cette manière de les observer, qu'ils appelaient aussi savante que hardie. J'en ai reçu les témoignages les plus honorables, toutes les fois que je me suis trouvé avec eux : « Il n'y a que les Français capables d'imaginer et d'exécuter une pareille surprise, » m'ont-ils répété, lorsque je leur ai dit qu'ils pouvaient en faire autant.

« Je reçus l'ordre de faire une reconnaissance sur Mayence; je me postai entre nos lignes et la place, à une demi-portée de canon : le vent était fort; et pour lui opposer plus de résistance, je montai seul avec plus de 200 livres d'excès de légèreté. J'étais à plus de 1,500 toises d'élévation, lorsque trois bourrasques successives me rabattirent à terre, avec une si grande force, que plusieurs des barreaux qui soutenaient le fond de la nacelle furent brisés. Chaque fois le ballon s'élevait avec une telle vitesse, que 64 personnes, 32 à chaque corde, étaient entraînées à une grande distance. Si les cordes avaient été fixées à des grappins, ainsi qu'on me l'avait proposé, il n'y a pas de doute

Ballon qui servit aux observations militaires pendant la bataille de Fleurus,

qu'elles n'eussent été cassées ou que le filet n'eût été rompu.

« L'ennemi ne tira point : cinq généraux sortirent de la place en élevant des mouchoirs blancs sur leur chapeau ; nos généraux, que j'en prévins, allèrent au-devant d'eux. Lorsqu'ils se furent rencontrés, le général qui commande la place, dit au général français : « Monsieur le général, je vous demande en grâce de faire descendre ce brave officier ; le vent va le faire périr ; il ne faut pas qu'il soit victime d'un accident étranger à la guerre : c'est moi qui ai fait tirer sur lui à Maubeuge. »

« Le vent se calma un peu ; alors je pus compter à la vue simple les pièces de canon sur les remparts, ainsi que toutes les personnes qui marchaient dans les rues et sur les places.

« Généralement, les soldats ennemis, qui tous voyaient un observateur plonger sur eux et prendre des notes, étaient persuadés qu'ils ne pouvaient pas faire un mouvement sans être remarqués ; nos soldats étaient de la même opinion et trouvaient dans les observateurs un genre de bravoure nouveau qui excitait leur admiration et leur confiance. Dans nos marches, toujours pénibles, la surveillance continuelle ne permettant pas à aucun aérostier de quitter la corde qui retenait le ballon, il nous est arrivé de trouver sur notre passage des rafraîchissements préparés pour nous ; souvent aussi des soldats des troupes légères nous apportaient du vin.

« Nous étions campés sur les bords du Rhin, devant Manheim, lorsque le général qui nous commandait, m'envoya en parlementaire sur l'autre rive. Aussitôt que les officiers autrichiens eurent appris que je commandais l'aérostat, je fus accablé de questions et de compliments : un officier qui avait passé le fleuve avec moi, observa que si mes cordes cassaient je pourrais être exposé en tombant dans le camp ennemi. « Monsieur l'ingénieur aérien, répondit un officier supérieur, les Autrichiens savent honorer les talents et la bravoure, vous seriez traité avec distinction. C'est moi qui vous ai aperçu et signalé le premier, pendant la bataille de Fleurus, au prince Cobourg, dont je suis l'aide de camp. »

« Si le balancement qu'on éprouve, et qui est plus ou moins grand, suivant la force du vent, est souvent un obstacle lorsqu'on est obligé de se servir de lunette (excepté dans les très-grands vents je m'étais accoutumé à m'en servir), je dois faire observer que le plus souvent on distingue à la vue simple les différents mouvements des corps d'infanterie, de cavalerie, d'artillerie et leurs parcs; à Maubeuge, devant Mayence et Manheim, je pouvais compter les pièces de canon dans les redoutes et sur les remparts, à la vue simple.

« Ce qui cause une impression à laquelle on a besoin de s'accoutumer, c'est le bruit que le ballon fait lorsqu'il est comprimé par les coups de vents répétés; il s'y forme une concavité plus ou moins grande suivant la force du vent. Lorsque le coup de vent a passé, le ballon reprend sa forme, par l'élasticité du gaz qui était comprimé, avec une telle vitesse que le bruit ou coup de vent du taffetas se fait entendre à une grande distance; ce qui ferait craindre sa rupture s'il n'était pas contenu par le filet. Du reste, cet accident ne m'est jamais arrivé, quoique je me sois souvent servi d'un ballon dont le taffetas avait perdu presque toute sa force.

« Pendant que j'étais à 150 toises d'élévation pour une reconnaissance sur les bords du Rhin, un frisson épouvantable me força pour la première fois de m'asseoir dans ma nacelle; il fut suivi d'une fièvre violente qui me mit aux portes du tombeau à Frankental, où j'avais fait un établissement. Mon lieutenant prit le commandement de ma compagnie et passa le Rhin : dans la première nuit son ballon fut criblé de chevrotines et mis hors de service.

« Celui que conduisait le capitaine L'homond fut également percé de plusieurs balles près de Francfort. Cette compagnie fut prisonnière de guerre à Wurtzbourg, en Franconie, et fit ensuite partie de l'expédition d'Egypte.

« Forcé de prendre un congé, j'étais à peine en convalescence, lorsque je rentrai à Paris. Je fus élevé, en arrivant, au grade de chef de bataillon, et je repris la suite de mes travaux à Meudon. »

Le récit précédent renferme les plus beaux titres de la gloire militaire des aérostats. L'application ultérieure que l'on fit depuis cette époque offre plutôt un caractère de curiosité que d'utilité effective. Dès la république, le rôle que jouèrent les ballons dans l'expédition d'Égypte n'eut rien de belliqueux. Comme le rapporte Robertson, les Anglais s'emparèrent des transports où l'on avait embarqué les appareils et les provisions d'acide nécessaire à la production du gaz ; de sorte qu'on ne sait si Bonaparte en aurait fait usage : du moins ne négligea-t-il point de transporter le spectacle merveilleux des expériences aérostatiques chez les peuples des bords du Nil, que l'étonnement ne devait pas moins lui soumettre que la terreur. Quoique quelques récits de l'expédition d'Egypte ne relatent aucune ascension aérienne, il paraît qu'une montgolfière tricolore en papier, de 45 pieds de diamètre, s'était élevée majestueusement au milieu des fêtes pompeuses célébrées au Caire à l'occasion du 9 vendémiaire. Le genre étranger des costumes égyptiens, mêlés à nos uniformes militaires, devait ajouter encore à l'effet pittoresque du départ d'un ballon au milieu d'une grande multitude.

On voit quel parti Bonaparte savait tirer de la supériorité de nos lumières et du secret de nos découvertes sur l'esprit des plus doctes muftis, par la conversation qu'il eut avec plusieurs d'entre eux dans la grande pyramide de Chéops, le 25 thermidor an VI.

Mussamed. « Noble successeur de Scander (Alexandre), honneur à tes armes invincibles et à la foudre inattendue qui sort du milieu de tes guerriers à cheval[1] ! »

[1] Il paraît cependant que les ascensions aérostatiques ne produisirent pas sur l'imagination des Arabes un effet aussi surprenant qu'on était autorisé à le croire. « Monge et Berthollet, dit Arago, s'étaient occupés sans relâche des moyens de frapper l'imagination des Orientaux, des spectacles empruntés aux arts, aux sciences, qui semblaient propres à montrer la supériorité de la France et à fortifier notre conquête. Il est vrai que ces tentatives restèrent presque toujours sans résultat.

Un jour, par exemple, Bonaparte demanda aux principaux cheiks d'assister à des expériences de chimie et de physique. Dans les mains de Monge et de Berthollet, divers liquides éprouvèrent les plus curieuses transformations. On engendra des poudres fulminantes ; de puissantes machines électriques fonctionnèrent avec tous leurs mystères. Une science qui venait de naître, celle du galvanisme, fut mise aussi à contribution ; par de simples attouchements métalliques, on produisit sur des animaux morts, dépecés, des convulsions, qui, au premier aspect, autorisent à croire à la possibilité de résurrections. Les graves musulmans n'en restèrent pas moins des témoins impassibles de toutes ces expériences. Bonaparte, qui s'attendait à jouir de leur étonnement, en témoigna quelque humeur. Le cheik El-Bekry s'en aperçut, et demanda sur-le-champ à Berthollet si, par sa science, il ne pouvait pas faire qu'il se trouvât en même temps au Caire et à Maroc. L'illustre chimiste ne répondit à cette demande ridicule qu'en haussant les épaules. « Vous voyez bien, dit alors El-Bekry, que vous n'êtes pas tout à fait sorcier. »

Monge n'éprouva pas une moindre déconvenue. Le 1er vendémiaire, septième anniversaire de la République, sur sa proposition, il avait été décidé que, ce jour de fête, on rendrait les indigènes témoins d'un spectacle qui semblait devoir inévitablement frapper leur imagination. L'ascension de l'aréostat, préparé par Conté, réus-

Bonaparte. « Crois-tu que cette foudre soit une œuvre des enfants des hommes? le crois-tu? Allah l'a fait mettre en mes mains par le génie de la guerre. »

Ibrahim. « Nous reconnaissons à tes armes, que c'est Allah qui t'envoie. Serais-tu vainqueur si Allah ne l'avait permis? Le Delta et tous les pays voisins retentissent de tes miracles. »

Bonaparte. « *Un char céleste montera par mes ordres jusqu'au séjour des nuées;* et la foudre descendra vers la terre, le long d'un fil de métal, dès que je l'aurai commandé. »

Monge ne se trompait-il pas en cherchant dans ce qu'il appelait l'apathie des pays chauds, la cause du peu d'étonnement qu'avait manifesté l'élite de la population égyptienne. « Les Orientaux croient généralement à la sorcellerie; » or, que sont les résultats positifs de la science, de l'art, à côté des conceptions imaginaires d'un sorcier? Pouvait-on raisonnablement espérer d'exciter de l'enthousiasme, par quelques expériences plus ou moins ingénieuses, chez des hommes nourris de la lecture des *Mille et une Nuits;* chez des hommes habitués à prendre les récits de la princesse Schéhérazade, non pour des rêveries d'une imagination fantasque, mais comme des peintures d'un monde réel? Présentez à ces mêmes hommes des choses vraiment extraordinaires dans l'ordre de leurs idées et de leurs habitudes, et vous les trouverez susceptibles d'étonnement, d'enthousiasme, comme les Européens. Voyez, par exemple, avec quelle assiduité, avec quel recueillement, des musulmans de tout âge, des dignitaires de l'ordre des Ulémas assistaient aux séances de l'Institut,

sit à souhait; mais les Africains n'en montrèrent aucune surprise; on vit bon nombre d'individus de tous les rangs traverser la grande place Usbékiéh, sans daigner lever la tête à l'instant où le ballon planait majestueusement dans les airs.

même avant de savoir un seul mot de notre langue. Une assemblée délibérante, qui ne s'occupait ni de religion, ni de guerre, ni de politique, était à leurs yeux un véritable phénomène. Ils comprenaient encore moins que le chef suprême de l'expédition, que le vainqueur de Mourad-Bey, que le sultan Hébir, pour parler leur langage, n'eût qu'une voix dans les scrutins comme le plus humble membre de l'Institut, et qu'il consentît à courber ses opinions personnelles devant celles de la majorité.

Napoléon ne favorisa pas l'application des ballons aux reconnaissances militaires. Peut-être était-il assez exclusivement glorieux de son génie pour le laisser souverainement maître de ses succès et répudier tout service. Peut-être reconnut-il que l'utilité des aérostats, pouvant devenir générale, ne donnerait pas à la France un avantage particulier et modifierait la stratégie des armées. Quoi qu'il en soit, à son retour d'Égypte, il mit en vente le ballon de Fleurus. C'est Robertson qui en devint l'acquéreur. Le corps des aérostiers fut dissous et les aérostats s'envolèrent en fumée. Quelques critiques ont prétendu que l'antipathie de l'empereur pour les ballons avait pour cause le fait assez bizarre, et dont nous avons parlé plus haut, survenu le jour de son couronnement. Les empereurs sont quelquefois fatalistes, et nul ne doute que ce fait insignifiant et fortuit n'ait pu causer sur l'esprit du grand capitaine une impression plus profonde qu'il n'aurait dû produire.

Les ballons furent donc exilés. Cependant, sous la République, on avait élevé les espérances les plus grandioses. Le rapport de Fourcroy à la Convention nationale (1795), et le mémoire de Lomet sur leur application aux opérations topographiques (1802), en sont un double témoignage. « Une des découvertes qui étonne le plus par ses effets, disait le premier, et qui frappe le plus l'imagination par la place qu'elle fait occuper à l'homme, en l'élevant sur l'aile des vents, la machine aérostatique, qui n'a valu à son inventeur qu'une décoration devenue ridicule depuis vos lois, mais dont la source est toujours respectable à vos yeux, est devenue pour votre comité un nouvel instrument de guerre, dont les ennemis ont reconnu toute la supériorité et toute l'influence sur les victoires.

« Plusieurs compagnies d'aérostiers ont été formées; des manœuvres nouvelles pour le service régulier de ces nouveaux instruments de guerre ont été imaginées, et la République possède en ce moment une nouvelle institution, que déjà trente-quatre ascensions ont forcé nos ennemis d'admirer, sans qu'ils aient encore pu l'imiter. Le comité s'occupe sans relâche des mesures nécessaires pour multiplier ces instruments précurseurs de la victoire, et bientôt toutes nos armées auront leur tente, leurs agrès et leurs compagnies aérostatiques, comme leur parc d'artillerie. Les ateliers où l'on fabrique ces machines sont dans la plus grande activité; de jeunes citoyens pris dans l'École de Mars sont instruits aux manœuvres nécessaires pour diriger l'aérostation militaire, et tout sera bientôt disposé pour faire connaître aux ennemis du Midi comme à ceux du Nord quelle force la liberté tire du génie et des arts français. »

Le second les préconise avec la même ardeur, quoique en style moins républicain.

« Les aérostats fournissent à volonté en présence de l'ennemi un ou plusieurs points d'observation d'où l'on peut reconnaître les positions qu'il occupe, étudier ses mouvements, juger de l'ensemble et apprécier jusqu'aux moindres détails de ses manœuvres. On doit présumer que ces machines deviendront d'une utilité

18.

indispensable à la guerre, parce qu'elles y ont établi un moyen extraordinaire, jusqu'à présent inconnu, de recueillir des observations qui peuvent déterminer instantanément le gain des batailles, assurer les dispositions d'une vigoureuse défense, ou tout au moins faire connaître le moment et les issues favorables pour la retraite : et pour fixer plus particulièrement l'attention sur le parti que l'on peut tirer des aérostats aux armées, il suffit de rappeler ici l'heureux essai que l'on en fit aux champs de Fleurus. »

L'auteur, chargé des expériences par le Comité de salut public décrit ensuite l'emploi du sextant dans les observations aériennes, puis il ajoute :

« Mais on ne peut trop répéter, en même temps, que les aérostats fournissent le moyen de donner le plus haut degré d'intérêt à l'expression du figuré du terrain dans les cartes de toute espèce, et que leur usage est du plus grand secours pour la formation des plans dont le tracé peut être suffisamment déterminé par une simple imitation à vue. L'observateur aérien, en découvrant une vaste étendue de pays, s'habitue à considérer en grand l'organisation générale des aspérités de la terre, et même les variétés de détail, ainsi que le ton de couleur, qui semblent caractériser diversement chaque portion de territoire. Si l'on cultive avec fruit ce nouveau moyen d'observation, il est indubitable qu'il amènera une amélioration sensible dans l'art de dessiner les plans. Mais, pour profiter des avantages qu'il procure, il est nécessaire que ceux qui se destinent à ce genre de travail, joignent à de profondes connaissances en géométrie, une grande facilité dans l'art de dessiner le paysage... Puissent-ils être convaincus de l'importance de cette vérité, et se persuader qu'aucune espèce de plan ne peut avoir de perfection idéale ou relative pour les usages civils ou militaires, qu'autant qu'on y trouve réunie à l'exactitude rigoureuse des projections, une fidélité d'expression capable d'inspirer à celui qui les regarde toutes les dispositions qu'il aurait pu concevoir à l'aspect du terrain. »

Concluons de tout ce qui précède, que l'art aérostatique réunit des propriétés aussi précieuses qu'incontestables pour les opérations topographiques et les reconnaissances militaires; que son perfectionnement peut lui acquérir des propriétés nouvelles inappréciables; et qu'il serait également impolitique de négliger l'usage de ces machines, ou de ne pas appeler sur elles les lumières de la méditation et de l'expérience. Nous ajouterons une réflexion relative à leur emploi militaire. Sans doute, dans ce dernier cas, cette innovation à la guerre ne favorisera aucun peuple exclusivement. Mais alors l'art des machines aérostatiques aura encore acquis un plus haut degré d'intérêt, puisqu'à cette époque il sera devenu un élément de plus dans la main des hommes pour substituer les effets du génie et de l'industrie aux dévastations inconsidérées de la force; et cette observation doit intéresser à leur perfectionnement tous les amis de l'humanité.

Comme on le lit dans un travail de M. de Gangler, on retrouve à peine depuis l'Empire quelques traces historiques de l'aérostation militaire. En 1812, les Russes avaient projeté d'écraser l'armée française à l'aide d'une machine infernale transportée par un aérostat.

En 1815, Carnot, commandant la défense d'Anvers, employa un ballon à des reconnaissances militaires.

En 1820, quelques partisans obstinés de l'aéronautique cherchent à remettre la question sur le tapis.

En 1826, les journaux se décident enfin à y donner quelque attention. Le *Spectateur militaire* publie un excellent article où l'auteur, M. Ferry, prédit l'oubli des traditions et la perte peut-être irréparable des découvertes déjà acquises. C'était déjà plus d'à moitié fait. — L'opinion publique s'émeut : une commission militaire est chargée d'un rapport. Ce rapport est enfin publié, et, favorable à la question, il va, comme de juste, et à la tradition fidèle, s'enfouir dans les cartons.

Lors de l'expédition d'Alger, l'aéronaute Margat obtient l'autorisation d'accompaguer l'armée. — Le ballon fut emporté, rapporté, payé, sans avoir même été déballé, et tout fut dit.

En 1848-49, les Autrichiens emploient, devant Venise, de petits ballons, enlevant des bombes. Mais les courants de vents reportent ces envois sur les assiégeants, qui s'empressent de renoncer au procédé.

Enfin, en 1854, on essaya à Vincennes, mais en de mauvaises conditions et partant sans succès, de faire tomber d'un aérostat captif des projectiles détachés par un mécanisme électrique.

Depuis les guerres de la République les ballons, si chaleureusement accueillis à l'aurore de leur carrière, ont été délaissés par les gouvernements. Nous ne remarquons guère que deux exemples d'application des aérostats aux opérations militaires; encore ces deux exemples sont-ils très-rapprochés de nous. En 1859, la veille de la bataille de Solférino, on a dit que l'aéronaute Godard déclara qu'il n'y avait personne dans la plaine. Nous ne pensons pas que l'habile aéronaute eût été nommé « aéronaute de l'Empereur, » s'il s'était borné à ce service négatif. Quoi qu'il en soit, depuis le commencement du siècle, l'aérostation militaire ne peut s'honorer d'avoir rendu des services comparables à ceux de Fleurus. Pendant la guerre d'Amérique, son rôle fut plus important. Le gouvernement des Etats-

Unis décora du titre d'*ingénieur aéronaute* M. Allan, de Rhode-Island, qui imagina de faire communiquer par un fil électrique l'observateur aérien avec le camp. Le premier message télégraphique qui ait été transmis du sein des régions aériennes est celui du professeur Love, à Washington, au président des Etats-Unis. Voici cette dépêche :

Washington, ballon *l'Entreprise*.

« Sir, le point d'observation commande une étendue de cinquante milles à peu près en diamètre. La cité, avec sa ceinture de campements, présente une scène superbe. J'ai grand plaisir à vous envoyer cette dépêche, la première qui ait été télégraphiée d'une station aérienne, et à reconnaître tout ce que je vous dois pour m'avoir tant encouragé et m'avoir donné l'occasion de démontrer les services que la science aéronautique peut rendre à l'armée dans ces contrées. »

Au mois de septembre 1861 un des plus hardis aéronautes, nommé La Mountain, fournit, par son ascension aérienne, des renseignements précieux au général Mac-Clellan. L'aérostat de La Mountain, qui était parti du camp de l'Union, sur le Potomac, passa au-dessus de Washington. Arrivé à une certaine hauteur, La Mountain, sans se préoccuper du danger, coupa la corde qui mettait son ballon en communication avec la terre, et s'élevant rapidement à la hauteur d'un mille et demi, il se trouva directement au-dessus des lignes ennemies. Là, il put observer parfaitement leur position et leurs mouvements. La Mountain jeta ensuite assez de lest pour pouvoir s'élever à une hauteur de trois milles ; il rencontra alors un courant d'air qui l'emporta dans la direction de Maryland, où il opéra en sûreté sa descente, après avoir passé, comme nous l'avons dit, au-dessus de Washington.

« Le général Mac-Clellan a été tellement satisfait du résultat des reconnaissances faites en aérostat, qu'à sa requête l'ordre a été donné par le département de la guerre de construire quatre nouveaux ballons. »

Mais, avouons-le en terminant, ce que nous pourrions désirer de mieux sur ce chapitre, ce serait que toute application au service militaire disparût par la disparition de la guerre elle-même.

Epilogue. — Si ce volume de la « Bibliothèque des Merveilles » n'avait pas eu pour unique objet les *Ballons* et leur histoire, et si le sujet avait été d'une richesse moins exubérante, difficile même à condenser en un petit nombre de pages, nous aurions consacré un long et spécial chapitre aux nombreuses tentatives faites dans le but de se *diriger* dans les airs. Nous devons simplement résumer ici nos études sur ce sujet de la direction des appareils aériens, en déclarant que la navigation aérienne doit être divisée en deux modes : *avec* ballons, ou *sans* ballons. Dans le premier cas, elle est limitée, en principe même, à l'étude des courants aériens et à l'art de se livrer à ceux qui conviennent au voyage entrepris : le ballon n'est pas le maître de l'atmosphère; il en est au contraire l'impuissant esclave. Dans le second cas, la découverte de Montgolfier est inutile, et la question est de chercher un nouvel engin susceptible de planer et de voler dans le fluide atmosphérique,.et, de plus, un engin plus lourd que l'air. Les oiseaux seront sans contredit les meilleurs modèles à étudier : mais par quelle force remplacera-t-on la *vie?* Nous signalerons sur ces études de navigation aérienne sans ballons, les travaux de MM. Pouton d'Amécourt, Pline, de la Landelle et Nadar. L'aéroplane de M. Pline, ou navire aérien dirigeable, nous paraît être l'une des meilleures idées. Mais la réalisation offre de très-sensibles difficultés. Trouvons un moteur léger et puissant (l'aluminium et l'électricité, par exemple), et nous pourrons avoir définitivement conquis l'empire de l'air.

FIN.

TABLE DES GRAVURES

FIN DE LA TABLE DES GRAVURES.

TABLE DES MATIÈRES

PREMIÈRE PARTIE.

LA CONQUÊTE DU CIEL.

DEUXIÈME PARTIE

PANORAMA DE L'AÉROSTATION DEPUIS L'ANNÉE 1783.

TROISIÈME PARTIE.

VOYAGES SCIENTIFIQUES, ÉTUDES, APPLICATIONS DIVERSES.

FIN DE LA TABLE DES MATIÈRES.

Paris. — Imprimerie de P.-A. BOURDIER et Cie, rue des Poitevins, 6.